数学·统计学系列

星形大观及闭折线论

Star-shaped View and Closed Broken Line Theory

● 王方汉 著

哈尔滨工业大学出版社
HARBIN INSTITUTE OF TECHNOLOGY PRESS

内容简介

本书共分 4 章:第 1 章专门介绍五角星和正五角星的有趣知识,密切结合了中学数学内容,高中学生不难看懂;第 2 章对星形做了深入的研究,对其生成法则、结构性质和度量性质做了全面的介绍;第 3 章对一般平面闭折线的基本性质,尤其是结构性质做了较为深入的介绍;第 4 章介绍闭折线知识的一些运用.

本书可供高中学生和数学教师参考阅读.

图书在版编目(CIP)数据

星形大观及闭折线论/王方汉著. —哈尔滨:
哈尔滨工业大学出版社,2019.3
ISBN 978-7-5603-7904-3

Ⅰ.①星… Ⅱ.①王… Ⅲ.①中学数学课-高中-教学参考资料
Ⅳ.①G634.603

中国版本图书馆 CIP 数据核字(2018)第 302914 号

策划编辑	刘培杰　张永芹
责任编辑	张永芹　刘家琳
封面设计	孙茵艾
出版发行	哈尔滨工业大学出版社
社　　址	哈尔滨市南岗区复华四道街 10 号　邮编 150006
传　　真	0451-86414749
网　　址	http://hitpress.hit.edu.cn
印　　刷	哈尔滨市工大节能印刷厂
开　　本	787mm×1092mm　1/16　印张 13.75　字数 285 千字
版　　次	2019 年 3 月第 1 版　2019 年 3 月第 1 次印刷
书　　号	ISBN 978-7-5603-7904-3
定　　价	68.00 元

(如因印装质量问题影响阅读,我社负责调换)

再版前言

本书是原名为《五角星·星形·平面闭折线》（王方汉著）的再版. 再版时做了一些补充, 并将书名改为《星形大观及闭折线论》. 这名不是"标题党"的做派, 应该是实至名归.

原书由华中师范大学出版社出版于 2008 年 11 月, 转眼近十年.

一个偶然的机会, 我把此书拿到我充任群主的"揽数习文群"里晒晒. 有群友提议这书是不是能再版. 再版? 从来没有想过. 让此书问世, 如同"到此一游", 这是我的初衷, 没有其他的奢望.

所以我在群里回复:"说再版容易, 谁出啊?"

想不到的是, 哈尔滨工业大学出版社副社长、副总编辑刘培杰, 这位在我们群里冒泡不多的群友, 他接茬道:"我出."

事后, 2017 年 7 月 20 日, 我给刘培杰先生发微信:

"培杰:你好!

感谢你允诺再版我的小书《五角星·星形·平面闭折线》. 这里我有一个想法:希望再版时不要"版面费""赞助费"和包销多少本. 因为我年纪已大, 一些事情不必过于追求, 顺其自然为好, 所以我不再愿意花钱买名了. 若能谅解, 我则开始重新修改充实该书. 若确有难处, 此事就作罢了."

第二天收到了编辑室主任张永芹代表出版社的回信,如下:
"王老师,您好!您这本《五角星·星形·平面闭折线》著作,我们可以免费为您出版,但第一次印刷不付稿酬,如果市场销量比较好,我们重印的时候会付给您稿酬.您有时间可以着手修订了,谢谢!"

真是"有心栽花花不开,无心插柳柳成荫"!看来我遇到贵人了.

这是再版的经过,看似偶然,其实必然.

王方汉

2018年3月8日

于上海黄山新城

原版序

在我国,"一般折线"的研究课题,是 1991 年提出来的.同年召开的"全国初等数学研究学术交流会"和 1993 年《初等数学研究的问题与课题》一书的出版,更起了推波助澜的作用.在这股折线研究的热潮中,我们的方汉先生,自然不示弱,他那酷爱古典几何的情怀,一下子被激活了,拍案而起,迎接新问题、新猜想的挑战.在短短的几年里,他阔步入门,有不少价值很高的成果发表出来,使他蜚声数坛,可这并不奇怪,是浓烈的兴趣和深厚的数学功底使然.

提起方汉老师的折线研究,我不禁想起一件往事.大约是 1977 年,我到武汉参加"全国第三届波利亚数学教育思想与数学教育改革学术研讨会"(PM)期间,与方汉相约游览"黄鹤楼".面对李白、崔颢等大诗人均有讴歌其雄伟壮观,充满诗情画意的传世之作的大江名楼,非常喜爱诗词的方汉(他还善于创作诗文),身临其境,一定会诗兴大发的,然而事情完全不是这样,而是被关于"折线研究"中一个又一个诱人的问题争论完全地取代了.记得那天,一开始就争得很凶,对名楼诗意,龟蛇锁江的美景,都无暇顾及.真是俗语说得好:不"打"不相识,不辩理不明,许多的共识,许多的研究策略和方法,从争论中浮现出来,我们的妙想奇思和聪明才智也被激发出来,逐渐沉浸在对折线研究的美好的窥测和憧憬之中……

我忽然问起方汉:我建议你系统整理国内外近年来折线研究的成果,你做了吗?

——做了,已写了一万多字,但我不往下写了.

——为什么?

——从"归纳整理"中,我发现了很多问题,做了不少猜想,有几十个吧,把它们作为课题研究,很有价值,够我做几年了!

——真是太好了!

尔后几年,方汉的研究成果,果然不断地现身书刊,这件事耐人寻味,似乎透露出一种筛选课题的策略,一种初等数学研究的方法.

就这样,方汉老师的书,在他自己众多研究成果的基础上,依托发现和创造的丰富的思想方法,撰写出来了.

这本书确实价值不菲.如果说熊曾润先生2002年出版的《平面闭折线趣探》,主要从顶点角度探索了折线诸"心"或说"度量性质"的话,本书则着重于讨论了折线整体的拓扑、组合与结构性质.两书相得益彰,对以三角形、部分四边形和圆为核心内容的经典几何来说,实在是做了意义重大的拓广,对初等数学的发展,也有重要的贡献.

杨之
丁亥年(2007)仲秋
于宝坻书斋

目录

第1章 五角星 // 1

§1 美丽的正五角星 // 1

§2 古今中外的五角星 // 5

§3 正五角星的画法 // 9

§4 正五角星的基本性质 // 13

§5 正五角星的轮廓形 // 19

§6 9树10行问题和帕普斯定理 // 23

§7 与正五角星相关的连分数 // 29

§8 五角星与密克圆 // 33

§9 正五角星的面积 // 39

§10 五边星形的顶角和 // 43

第2章 星形大观 // 48

§11 星形的生成 // 48

§12 素星形与合星形 // 52

§13 星形的基本性质 // 56

§14 正星形自交点构成的子星形序列 // 61

§15 美国八年级教材里关于星形的一个问题 // 67

§16 有向星形和广义有向星形 // 71

§17 有向星形折线的圈秩 // 78

§18 生成星形折线的一般准则 // 84

§19 星形多边形 // 94

第3章 一般折线论 // 99

§20 平面闭折线的基本概念 // 99

§21 平面闭折线的内角、顶角、折角及其关系 // 104

§22 平面闭折线的锐角个数 // 108

§23 平面闭折线的环数 // 116

§24 平面闭折线环数的计算 // 119

§25 平面闭折线的自交数 // 124

§26 有最大自交数的平面闭折线 // 128

§27 平面闭折线的面积 // 135

§28 平面闭折线"两边夹角"的面积公式 // 139

第4章 平面闭折线的运用 // 148

§29 网格矩形的内接多边形面积 // 148

§30 平面自交闭折线的自交点序号数列 // 152

§31 平面闭折线的等周定理 // 156

§32 平面闭折线中的三大定理 // 161

§33 关于闭折线的不等式 // 164

§34 空间闭折线的全曲率 // 169

§35 闭折线的 k 号心的一个应用 // 172

§36 绕折线初探 // 175

§37 简单平面闭折线的种类数问题 // 180

§38 既简的平面闭折线的一个猜想 // 185

后记 // 187

参考文献 // 189

编辑手记 // 191

五角星

§1 美丽的正五角星

"五星红旗迎风飘扬,胜利歌声多么响亮,歌唱我们亲爱的祖国,从今走向繁荣富强!"

中华人民共和国国旗上的图案是由正五角星组成的.

正五角星是一个美丽无比的几何图形.

我们从数学的角度来考查正五角星:

如图 1.1,正五角星 $A_1A_2A_3A_4A_5$ 有 5 条边:A_1A_2,A_2A_3,A_3A_4,A_4A_5,A_5A_1,有 5 个顶点:A_1,A_2,A_3,A_4,A_5,有 5 个自交点 B_1,B_2,B_3,B_4,B_5.

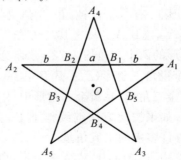

图 1.1

(1) 轴对称性. 它是一个轴对称图形, 有 5 条对称轴.

(2) 旋转不变性. 绕中心 O 每旋转 $72°$, 所得的图形与原图形重合.

(3) 黄金分割点.

正五角星中长短不一的线段有四种. 在图 1.1 中, $a, b(0 < a < b)$ 表示线段长, 则:

$B_1B_2 = B_2B_3 = B_3B_4 = B_4B_5 = B_5B_1 = a$(有 5 条线段);

$A_1B_1 = B_1A_4 = A_4B_2 = B_2A_2 = A_2B_3 = B_3A_5 = A_5B_4 = B_4A_3 = A_3B_5 = B_5A_1 = b$(有 10 条线段);

$A_1B_2 = B_1A_2 = A_2B_4 = B_3A_3 = A_3B_1 = B_5A_4 = A_4B_3 = B_2A_5 = A_5B_5 = B_4A_1 = a+b$(有 10 条线段);

$A_1A_2 = A_2A_3 = A_3A_4 = A_4A_5 = A_5A_1 = a+2b$(有 5 条线段).

有趣的是, 两条线段长之比有如下相等的关系

$$\frac{a}{b} = \frac{b}{a+b} = \frac{a+b}{a+2b}$$

由此可得

$$b^2 = a(a+b)$$

从而计算得, $\frac{a}{b} = \frac{\sqrt{5}-1}{2} \approx 0.618\cdots$. 所以, 长短不一的四种线段依次构成一个等比数列, 公比的倒数 $\frac{a}{b}$ 约等于 0.618. 这表明, 正五角星的 5 个自交点 B_1, B_2, B_3, B_4, B_5 恰是原 5 条线段(5 条边)的黄金分割点, 且组成一个小的正五边形 $B_1B_2B_3B_4B_5$.

均衡分布的黄金分割点, 使其图形匀称、和谐、美观, 所以看起来特别舒服.

(4) 黄金三角形.

正五角星中有 5 个锐角三角形, 即 $\triangle A_1B_5B_1, \triangle A_4B_1B_2, \triangle A_2B_2B_3, \triangle A_5B_3B_4, \triangle A_3B_4B_5$; 有 5 个钝角三角形, 即 $\triangle B_1A_2A_3, \triangle B_2A_5A_1, \triangle B_3A_3A_4, \triangle B_4A_1A_2, \triangle B_5A_4A_5$. 这 10 个三角形都是等腰三角形且分别全等.

如果等腰三角形的两个底角均为 $72°$(顶角为 $36°$), 这样的三角形叫黄金三角形. 上面说的 5 个锐角三角形($\triangle A_1B_5B_1, \triangle A_4B_1B_2, \triangle A_2B_2B_3, \triangle A_5B_3B_4, \triangle A_3B_4B_5$) 都是黄金三角形. 在黄金三角形中, 作两个底角的平分线, 会得到两个新的黄金三角形. 如果按此方法继续作下去, 会得到无数个黄金三角形. 由此, 我们可以得到许许多多的正五角星.

例如, 在图 1.2 中, $\triangle ABC$ 是黄金三角形, BD, CE 是底角的平分线, 联结 DE, 则 $\triangle AED$ 是黄金三角形. DF, EG 是 $\triangle AED$ 的底角平分线, 联结 FG, 又设 BD 与 CE 交于点 M, 则 $MEFGD$ 组成一个正五边形, $MFDEG$ 组成一个正五角星.

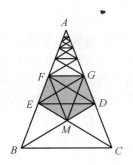

图 1.2

(5) 正五角星内有 25 个角,它们是:位于 5 个角的 5 个三角形,各有 3 个内角,计 15 个角;中间一个正五边形有 5 个内角及其对顶角,计 10 个角.以上共计 25 个角.

以上 25 个角中,有 15 个角是锐角,10 个角是钝角.锐角分两类,较小的一类锐角有 5 个,都等于 36°;较大的一类锐角有 10 个,都等于 72°,10 个钝角都等于 108°.这三种角的大小之比是 1∶2∶3.

(6) 自生五角星.如图 1.3,在正五角星 ABCDE 中,联结 AD,AC,设 RG 的延长线与 AC 相交于点 M,HF 的延长线与 AD 相交于点 N,联结 MN,则 MNHAR 组成一个正五角星.

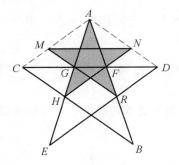

图 1.3

有趣的正五角星,美丽的正五角星!

正五角星的美,是因为它和谐、对称.和谐美和对称美,是数学之美,是人类智慧之美.

数学美的主要表现特征,即对称、和谐、简单、明快、严谨、统一、奇异、突变.

数学美是数学科学的本质力量的感性与理性的显现.它是一种真实的美,是反映客观世界并能动地改造客观世界的科学美.在数学学习中,鉴赏数学美、追求数学美,既是一种文化熏陶,更是一种文化享受.

【趣味应用】

学剪五角星：如图 1.4，先将一张长方形纸片按图(a)的虚线对折，得到图(b)，然后将图(b)沿虚线折叠得到图(c)，再将图(c)沿虚线 BC 剪下 △ABC，展开即可得到一个五角星，若想得到一个正五角星（如图(d)，正五角星的 5 个角都是 36°），则在图(c)中应以多大的角度来剪，即 ∠ABC 的度数为（ ）.

A. 126°   B. 108°   C. 90°   D. 72°

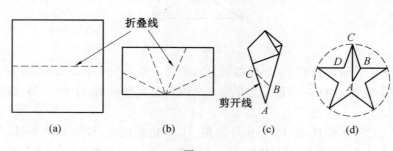

图 1.4

解 如图 1.4(c)(d)，剪痕是 BC，要求的是 BC 与 AB 所夹角的大小.
因为
$$\angle BAC = \frac{360°}{10} = 36°$$
$$\angle ACB = \frac{1}{2}\angle BCD = \frac{1}{2} \times 36° = 18°$$
所以
$$\angle ABC = 180° - (36° + 18°) = 126°$$

选 A.

思考题 一个正五角星绕着它的中心至少旋转多少度能与自身重合？
（答：72°，如图 1.5.）

图 1.5

§2　古今中外的五角星

有人做过这样的统计,除了中国国旗上有五角星的图案外,世界上起码有五十多个国家的国旗上有五角星的图案.

政治、经济和文化历史背景各不相同的世界各国,为什么会同时选择五角星这一图案呢? 五角星给人以美轮美奂的视觉享受,除此以外肯定还有别的原因.

五角星具有"胜利"的含义,被很多国家的军队作为军官(尤其是高级军官)的军衔标志使用.

人类历史上,五角星最早被作为驱逐魔鬼的护符.五角星可以一笔画出,5条线的5个交点被认为是可以封闭恶魔的"门",能阻挡恶魔的侵犯.于是,五芒星被用在了天使的封印上,图2.1就是古代封印上绘制的五角星.图2.2的图案是五芒星.

图 2.1

图 2.2

关于五芒星,历史上有多种说法.

五芒星(Pentacle)在古埃及被作为冥界子宫的符号,而在古代巴比伦则被作为女神伊修塔尔的孪生姐姐尼斐提斯(冥界女神)的符号.在希腊神话中,五芒星是大地女神 Kore 的象征;凯尔特人将五芒星作为冥界女神摩根的象征,在凯尔特传说中,太阳英雄加温为了向女神表达敬意而在自己血红的盾牌上画了五芒星.

毕达哥拉斯(Pythagoras)学派的神秘主义者也崇拜这个符号,将它称为"五回交错的诞生(文字)".因此,在神秘学中,尖角向上的五芒星代表着"生命"和"健康",被用作祈求幸福的魔法符号,也被作为守护符和治疗伤病的符号.

古代巴比伦人甚至将五芒星绘制在食物的容器上,认为这样就可以保鲜,而巴比伦的七个印章中,第一个神圣的印章就是五芒星.犹太教的经典中认为,这些印章代表了神的秘密的名字,五芒星就是其中最重要的一个,所以一些术士杜撰的"所罗门王的魔法戒指"上也刻有五芒星,因为如此,五芒星也被误传为"所罗门的印章".

三星堆遗址位于我国四川省广汉市城西的南兴镇,它于 1929 年最先被发现,是我国迄今为止发现的面积最大、延续时间最长、出土文物最精美、文化内涵最丰富的古蜀文化遗址.它的始建与废弃年代在距今 2 875～4 070 年之间,相当于中原的夏商时期.

图 2.3 是从三星堆出土的将圆五等分的太阳轮.在印度半岛古代的太阳轮是六等分圆,在以色列是八等分或六等分圆.五等分的太阳轮,说明古蜀民已经有了很准确的角度测量方法.因为六等分或八等分圆相对要容易得多.

图 2.3

在古希腊有这样一个传说,毕达哥拉斯学派的一个门徒,在游学的路上得了重病,奄奄一息.有一个好心人将他救到家中,经过几天的吃药和照料,门徒病愈.离别时,门徒实在拿不出礼物,于是他画了一个五角星送给好心人,说:"您把这个图形挂在门上,它会给您带来幸福和吉祥."

千百年来,全世界的男男女女,老老少少,平民百姓,达官显贵,对五角星的兴趣不减.

不仅人类对五角星如此厚爱,许多病毒也偏爱五角星(五边形).2000 年 9 月 25 日中国家庭网讯:美国和瑞典科学家发现一种噬菌体 HK97 病毒的头由 72 个蛋白环构成,其中 12 个呈五边形,60 个呈六边形.

有生命的偏爱五边形,没生命的也来凑热闹.碳的基本形态,除了金刚石和石墨外,还有另一种形态 C_{60},它是由 60 个 C 原子构成的分子,是形如足球的多面体.这个多面体有 60 个顶点,以每个顶点为一端都有 3 条棱,面的形状只有五边形和六边形,如图 2.4.这一重大发现,使克罗托、柯尔和斯莫利三位科学家获得了 1996 年的诺贝尔化学奖.

第 1 章　五角星

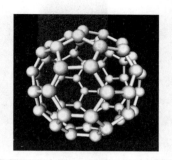

图 2.4

以上说的都是正五角星.中文中"五角星"常常指有五只角的星形.然而,不一定指正五角星.在儿童画上,我们常看到星星都被画成了五角星.切开苹果,有时可以看到类似五角星的核仁(图 2.5).有的饮料的表面,有一块五角星的造型漂浮在上面(图 2.6),十分惹人喜爱,引起食欲.还有五角星形的吸管(图 2.7)、人们用手指摆成的五角星图案(图 2.8)……,所以,我们走到哪里,几乎都能看到五角星.

图 2.5

图 2.6

7

图 2.7

图 2.8

【趣味应用】

把一个正五角星的顶点联结起来得到一个正五边形,如图 2.9,试问:这个图形中有多少个三角形?

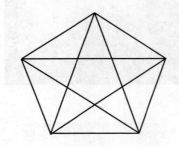

图 2.9

解法 1 分为四大类:(a) 只包含 1 个三角形的有 10 个;(b) 包含 2 个三角形的有 10 个;(c) 包含 3 个三角形的有 5 个;(d) 包含中间那个五边形的有 10 个,如图 2.10. 所以一共有 35 个三角形.

解法 2 从一个顶点作三角形,有 $C_4^2+1=7$(个),5 个顶点则共有 $5\times 7=35$(个)三角形.

解法 3 从 10 个点中任取 3 个点的组合有 $C_{10}^3=120$(种),其中不构成三角形的有:

① 从外围 5 个点中任取 2 个点,内部 5 个点中取 1 个点,则:

若外围 2 个点相邻,有 $5\times 2=10$(种);

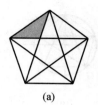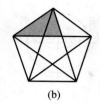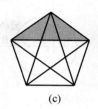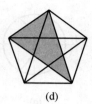

(a)   (b)   (c)   (d)

图 2.10

若外围 2 个点不相邻,有 $5\times 4=20$(种).

② 从外围 5 个点中任取 1 个点,内部 5 个点中取 2 个点,则有 $C_5^1(C_5^2-1)=45$(种).

③ 从内部 5 个点中任取 3 个点,则有 $C_5^3=10$(种).

综上,图形中的三角形共有 $N=120-(10+20+45+10)=120-85=35$(个).

可见用分类计算法(解法 1)最好,用减法原理确实太琐碎了,易漏、易错、较繁.

§3 正五角星的画法

怎么样画一个正五角星呢?

作法如下:

第一步,在平面内作一个以点 O 为圆心、半径为 R 的圆,再作出两条互相垂直的直径 AB 和 CD(图 3.1(a));

第二步,以 B 为圆心,以 BO 为半径作弧交圆 O 于两点,联结这两点交半径 BO 于点 P,则点 P 为 OB 的中点(图 3.1(a));

第三步,以点 P 为圆心,以 PC 的长为半径画弧,交半径 OA 于点 H,则 CH 的长就是圆内接正五边形的边长(图 3.1(b));

第四步,从点 C 出发,在圆上截取弦 $CE=EG=GK=KF=FC=CH$,得到正五边形 $CEGKF$(图 3.1(c)(d));

第五步,从点 C 出发,每隔一个点,顺次联结 CG,GF,FE,EK,KC,则得到正五角星 $CGFEK$.

为什么这样联结就能得到一个正五角星呢?下面我们来证明这个事实.

如图 3.2,设正五角星 $A_1A_3A_5A_2A_4$ 内接于圆 O,圆 O 的半径长为 R,联结 OA_1,OA_2,则

$$\angle A_1OA_2=72°$$

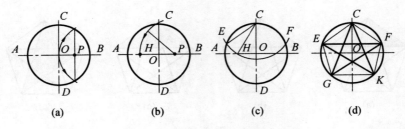

(a)　　　(b)　　　(c)　　　(d)

图 3.1

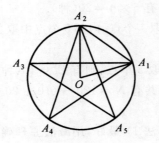

图 3.2

由余弦定理得
$$A_1A_2^2 = R^2 + R^2 - 2R^2\cos 72° =$$
$$2R^2(1 - \cos 72°) =$$
$$4R^2\sin^2 18°$$

所以
$$A_1A_2 = 2R\sin 36°$$

下面求 $\sin 18°$ 的值. 因为
$$\cos 54° = \sin 36°$$

所以
$$4\cos^3 18° - 3\cos 18° = 2\sin 18°\cos 18°$$

（这里用到了三倍角公式：$\cos 3\alpha = 4\cos^3\alpha - 3\cos\alpha$）

所以
$$4\cos^2 18° - 3 = 2\sin 18°$$

所以
$$4\sin^2 18° + 2\sin 18° - 1 = 0$$

所以
$$\sin 18° = \frac{-2 + 2\sqrt{5}}{8} = \frac{1}{4}(\sqrt{5} - 1)$$

由此可知

10

$$\cos 18° = \frac{1}{4}\sqrt{10+2\sqrt{5}}$$

所以
$$\sin 36° = 2\sin 18°\cos 18° = \frac{1}{4}\sqrt{10-2\sqrt{5}}$$

从而
$$A_1A_2 = 2R\sin 36° = \frac{1}{2}R\sqrt{10-2\sqrt{5}}$$

这就是说,正五边形 $A_1A_3A_5A_2A_4$ 的边长为 $\frac{1}{2}R\sqrt{10-2\sqrt{5}}$.

再看图 3.1 的作图过程,由图 3.1(a) 知
$$OP = \frac{R}{2}$$

由图 3.1(b) 知
$$PC = PH = \frac{\sqrt{5}}{2}R$$

所以
$$HO = HP - OP = \frac{\sqrt{5}}{2}R - \frac{1}{2}R = \frac{\sqrt{5}-1}{2}R$$

由图 3.1(c) 知
$$CH = R\sqrt{\left(\frac{\sqrt{5}-1}{2}\right)^2 + 1} = \frac{1}{2}R\sqrt{10-2\sqrt{5}}$$

这样,我们可以确认按图 3.1 的方法作出的五边形是正五边形,从而确认得到的五角星是正五角星.

你会用一张等宽的纸打个结吗?

有趣的是,将一张等宽的纸条按如图 3.3(a) 的方式打个结,就可以得到一个正五边形,如图 3.3(b).

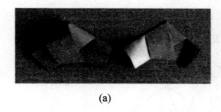

(a)

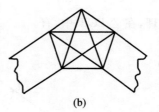

(b)

图 3.3

这奇怪吗?

让我们用平面几何知识来证明这个问题.

首先给一个引理:在一个三角形中,如果两条边上的高相等,那么这两条边也相等.

此引理可由两个三角形全等得证.

问题的证明如下:

在 $\triangle EAB$ 中,边 EA,AB 上的高 BH,EG 均为纸条的宽度(图 3.4),即
$$BH = EG$$
所以
$$EA = AB$$

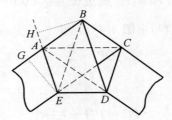

图 3.4

同理,在 $\triangle ABC$,$\triangle BCD$ 中,有 $AB = BC$,$BC = CD$,所以
$$EA = AB = BC = CD$$

因为纸条的两条边是平行的,所以四边形 $EABC$,$ABCD$ 均为等腰梯形,所以
$$\angle EAB = \angle ABC = \angle BCD$$
所以
$$\triangle EAB \cong \triangle ABC \cong \triangle BCD$$
所以
$$BE = AC = BD \qquad ①$$

在 $\triangle ABD$ 中,边 AD,BD 上的高 BJ,AI 均为纸条的宽度(图 3.5),所以
$$AD = BD \qquad ②$$

同理,在 $\triangle BCE$ 中,有
$$BE = CE \qquad ③$$

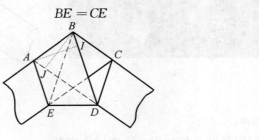

图 3.5

由 ①②③ 可知
$$AD=BE, BD=CE$$

因为对角线相等的梯形是等腰梯形,所以四边形 $ABDE$, $BCDE$ 均为等腰梯形,于是
$$EA=AB=BC=CD=DE$$
且
$$\angle EAB=\angle ABC=\angle BCD=\angle CDE=\angle DEA$$
即五边形 $ABCDE$ 为正五边形.

§4 正五角星的基本性质

在 §1 中,我们初步介绍了正五角星中的线段与角,在本节里,我们给出并证明正五角星的一些基本性质.

先给出有关概念.

圆上有 5 个等分点,从某一点出发,把每隔 1 个点的 2 个点联结起来组成的封闭图形,称为正五角星.正五角星有 5 个顶点、5 条边.

相邻两边所成的劣角,称为正五角星的顶角.正五角星有 5 个顶角.

正五角星的边与边的交点(顶点除外),称为正五角星的自交点.正五角星有 5 个自交点.

正五角星所在的外接圆的圆心,称为正五角星的中心.正五角星所在的外接圆半径,称为正五角星的半径.

由正五角星的生成,容易证明正五角星有如下基本性质:

性质 1 正五角星的顶角都相等,等于 36°.

证明 因为正五角星每一个顶角所对的圆弧是整个圆周的 $\frac{1}{5}$,是 72° 的弧,根据圆周角等于所对弧的度数的一半,所以正五角星的顶角都相等,等于 36°.

性质 2 正五角星的边长都相等,等于 $2R\sin 72°$.

证明 如图 4.1,在 $\text{Rt}\triangle A_1OD$ 中,$\angle A_1OD=72°$,所以边长
$$A_5A_1=2R\sin 72°$$

性质 3 正五角星的顶点与相对的自交点的连线经过正五角星的中心.如图 4.2,A_5B_1 经过正五角星的中心 O.

性质 4 正五角星的顶点与相对的自交点的连线,平分以该顶点为公共端点的两条邻边所成的角.如图 4.2,A_5B_1 平分 $\angle A_4A_5A_1$.

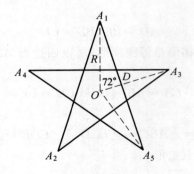

图 4.1

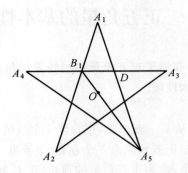

图 4.2

下面的性质 5 是一个重要的性质.

性质 5 正五角星中长短不一的线段有四种:$a,b,a+b,a+2b(0<a<b)$,这四种线段长依次成等比数列,其公比为 $2\cos 36°$,即

$$q=\frac{b}{a}=\frac{a+b}{b}=\frac{a+2b}{a+b}=\frac{\sqrt{5}+1}{2}$$

证明 先证明正五角星 $A_1A_2A_3A_4A_5$ 中有长短不一的四种线段:$a,b,a+b,a+2b(0<a<b)$.

如图 4.3,正五角星 $A_1A_2A_3A_4A_5$ 的自交点为 B_1,B_2,B_3,B_4,B_5,由

$$\triangle A_5A_1B_1 \cong \triangle A_5A_4B_1$$

可知 $A_1B_1=A_4B_1$,设 $A_1B_1=b$,同理可证

$$A_1B_1=B_1A_4=A_4B_2=B_2A_2=A_2B_3=B_3A_5=$$
$$A_5B_4=B_4A_3=A_3B_5=B_5A_1=b(\text{有 10 条线段})$$

再由正五角星的边长相等,即

$$A_1A_2=A_2A_3=A_3A_4=A_4A_5=A_5A_1(\text{有 5 条线段})$$

所以

$$B_1B_2=B_2B_3=B_3B_4=B_4B_5=B_5B_1=a(\text{有 5 条线段})$$

于是有
$$A_1A_2 = A_2A_3 = A_3A_4 = A_4A_5 = A_5A_1 = a + 2b \text{(有 5 条线段)}$$
再容易验证如下等式
$$\frac{b}{a} = \frac{a+b}{b} = \frac{a+2b}{a+b}$$

这说明四个数 $a, b, a+b, a+2b$ 成等比数列.

由 $b^2 = a(a+b)$,可算得公比为
$$q = \frac{b}{a} = \frac{\sqrt{5}+1}{2}$$

又因为
$$\cos 36° = 1 - 2\sin^2 18° = 1 - 2\left(\frac{\sqrt{5}-1}{4}\right)^2 = \frac{\sqrt{5}+1}{4}$$

所以公比
$$q = \frac{\sqrt{5}+1}{2} = 2\cos 36°$$

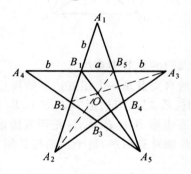

图 4.3

推论 1 设正五角星的半径为 R,两个自交点间的线段长为 a;顶点到近的自交点间的线段长为 b;顶点到远的自交点间的线段长为 $a+b$;每条边长为 $a+2b$,则有:

a	b	$a+b$	$a+2b$
$\dfrac{R\tan 36°}{\cos 36°}$	$R\cos 36°$	$2R\sin 36°$	$2R\cos 18°$

证明 由性质 2 知,$a + 2b = 2R\cos 18°$,所以
$$a + b = \frac{a+2b}{q} = \frac{2R\cos 18°}{2\cos 36°} = \frac{R\sin 72°}{\cos 36°} = 2R\sin 36°$$

所以
$$b = \frac{a+b}{q} = \frac{2R\sin 36°}{2\cos 36°} = R\tan 36°$$

15

所以
$$a = \frac{b}{q} = \frac{R\tan 36°}{2\cos 36°}$$

推论 2 在正五角星 $A_1A_2A_3A_4A_5$ 中,顺次联结在外接圆上排列的顶点组成正五边形 $A_1A_4A_2A_5A_3$,那么正五边形的边长等于正五角星的顶点到远的自交点间的线段长. 比如在图 4.4 中, $A_1A_4 = A_1B_2$,其余类推.

证明 如图 4.4,在 $\triangle A_1A_4B_2$ 中, $\angle A_1A_4B_2 = \angle A_1B_2A_4 = 72°$, $\angle A_4A_1B_2 = 36°$,所以 $A_1A_4 = A_1B_2$,其余同理可证.

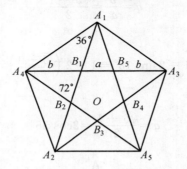

图 4.4

以上线段的长度在以后的章节中有用.

性质 6 正五角星的自交点是一个正五边形的顶点.

证明 由性质 1 和性质 3 知,五边形 $B_1B_2B_3B_4B_5$ 的 5 条边相等,5 个内角相等(均为 $108°$),所以,五边形 $B_1B_2B_3B_4B_5$ 是正五边形.

性质 7 正五角星是轴对称图形,每个顶角与其相对的自交点的连线所在直线都是对称轴.

以上是"纯粹的"正五角星的基本性质. 下面,我们将正五角星所在的正五边形引进来,如图 4.5,在正五角星 $ACEBD$ 中,延长 BA, DE 相交于点 F, $\triangle CDE$ 的外角平分线 DG 交 BE 的延长线于点 G,则还有许多有趣的性质(这里不予以证明):

(1) $ACEF$ 是菱形, $CDGE$ 是平行四边形;
(2) $FA = FE = BE = BD = DG$;
(3) A 为 BF 的黄金分割点, E 为 DF 的黄金分割点, E 为 BG 的黄金分割点;
(4) $BG = BF$.

例 1 如图 4.6,在正五角星 $ABCDE$ 中, AB 与 DE 相交于点 F,求证: $BD^2 = AB^2 - AB \cdot BD$.

证明 由
$$\triangle ABD \backsim \triangle BDF \Rightarrow \frac{AB}{BD} = \frac{BD}{BF}$$

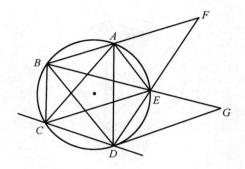

图 4.5

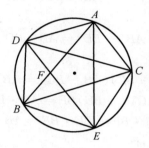

图 4.6

$$\Rightarrow BD^2 = AB \cdot BF = AB(AB - AF) = AB^2 - AB \cdot AF$$

注意到 $AF = BD$,所以

$$BD^2 = AB^2 - AB \cdot BD$$

本题还可以用正五角星的性质 5 来做.

另证 设 $AB = a + 2b$,则

$$BD = a + b$$

$$\begin{aligned}右式 - 左式 &= AB^2 - BD^2 - AB \cdot BD = \\ &(a+2b)^2 - (a+b)^2 - (a+b)(a+2b) = \\ &b^2 - ab - a^2\end{aligned}$$

注意到 $b = \dfrac{\sqrt{5}+1}{2}a$,因此

$$b^2 - ab - a^2 = \dfrac{1}{a^2}\left[\left(\dfrac{b}{a}\right)^2 - \dfrac{b}{a} - 1\right] = 0$$

所以右式 - 左式 = 0,所以等式成立.

例 2 如图 4.7,在正五边形 $ADBEC$ 中,AB 与 DE 相交于点 F,求证:$\dfrac{1}{AB} + \dfrac{1}{BE} = \dfrac{1}{BF}$.

证明 由例 1 知

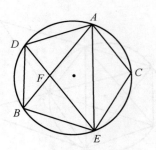

图 4.7

$$BD^2 = AB^2 - AB \cdot BD$$

即
$$AB^2 - BD^2 = AB \cdot BD$$

注意到 $BE = BD$,于是有
$$(AB + BE)(AB - BE) = AB \cdot BE$$
$$\Rightarrow (AB + BE)BF = AB \cdot BE$$
$$\Rightarrow AB \cdot BF + BE \cdot BF = AB \cdot BE$$

两边同除以 $AB \cdot BE \cdot BF$,得
$$\frac{1}{BE} + \frac{1}{AB} = \frac{1}{BF}$$

证毕.

另证 设 $AB = a + 2b$,则
$$BE = a + b, BF = b$$
$$左式 - 右式 = \frac{1}{AB} + \frac{1}{BE} - \frac{1}{BF} = \frac{1}{a+2b} + \frac{1}{a+b} - \frac{1}{b} =$$
$$\frac{b^2 - ab - a^2}{b(a+2b)(a+b)} = 0$$

所以左式 − 右式 = 0,得证.

例3 如图 4.8,$ABCDE$ 是圆的内接正五边形,P 是 $\overset{\frown}{AB}$ 的中点,求证:$PC - PA =$ 圆的半径.

证明 作直径 AG,过圆心 O 作 $OF \parallel PA$ 交 PC 于点 F,联结 OC,则由 $PC \parallel AG$,可知 $APFO$ 为平行四边形,则 $FP = OA$(半径),所以
$$PC - AO = CF$$

注意到
$$\angle OAB = 54°, \angle BAP = 18°, \angle OAB = 54°$$

所以
$$\angle OAP = 72°$$

所以
$$\angle COF = \angle COG = \angle CFO = 36°$$
所以 $FC = FO$,所以
$$PC - PA = PC - FC = FP = OA(半径)$$

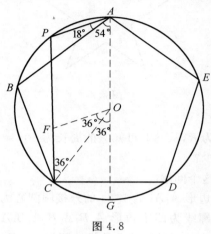

图 4.8

§5 正五角星的轮廓形

平面闭折线都占有平面的一部分,从这一部分的边缘上某一点出发,沿着边缘行走一圈回到起点,所画的封闭的平面几何图形叫作平面闭折线的轮廓形. 作为特殊的平面闭折线,多边形的轮廓形是它本身. 例如,任意的五边星形,它对应的轮廓形是凹十边形,如图 5.1.

图 5.1

正五角星的轮廓线是一个"空心的"五角星,具体地说,它是凹的十边形,这也是一个非常美丽的图形(图 5.2).

图 5.2

它的周长是多少?

设正五角星半径为 R,从 §5 可知它的周长为 $10b=10R\tan 36°$.

它的面积等于多少?

下面我们来研究这个问题.

如图 5.3,设正五边形 $A_1A_2A_3A_4A_5$ 的外接圆圆心为 O,半径为 R,正五角星 $A_1A_3A_5A_2A_4$ 的轮廓线为凹十边形 $A_1B_1A_2B_2A_3B_3A_4B_4A_5B_5$,联结 OA_1,OB_1,并设 $A_1B_1=b$. 由 §5 的性质 5 的推论可知 $b=R\tan 36°$,且
$$OA_1=R,\angle B_1A_1O=18°$$

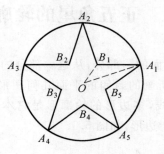

图 5.3

所以
$$S_{\triangle A_1OB_1}=\frac{1}{2}A_1O \cdot A_1B_1\sin\angle B_1A_1O=$$
$$\frac{1}{2}R \cdot b\sin 18°=$$
$$\frac{1}{2}R^2\tan 36°\sin 18°$$

易知凹十边形 $A_1B_1A_2B_2A_3B_3A_4B_4A_5B_5$ 的面积是 $\triangle A_1OB_1$ 面积的 10 倍,所以
$$S_{轮廓线}=10 \cdot \frac{1}{2}R^2\tan 36°\sin 18°=5R^2\tan 36°\sin 18°$$

又
$$\sin 18° = \frac{\sqrt{5}-1}{4}$$

于是,可以依次算得
$$\cos 18° = \frac{1}{4}\sqrt{10+2\sqrt{5}}$$
$$\sin 36° = \frac{1}{4}\sqrt{10-2\sqrt{5}}$$
$$\cos 36° = \frac{\sqrt{5}+1}{4}$$
$$\tan 36° = \sqrt{5-2\sqrt{5}}$$

所以
$$S_{轮廓线} = 5R^2 \tan 36° \sin 18° = \frac{5}{4}R^2\sqrt{5-2\sqrt{5}} \cdot (\sqrt{5}-1) \approx 1.1226R^2$$

它的面积占其外接圆面积的几分之几?

设正五角星的外接圆面积为 S',则
$$\frac{S}{S'} \approx \frac{1.1226R^2}{\pi R^2} = \frac{1.1226}{3.1416} = \frac{1871}{5236}$$

所以,正五角星的轮廓线围成区域的面积,约占其外接圆面积的 $\frac{1871}{5236}$.

例 在五角星形 $ABCDE$ 中,相交线段的交点字母如图 5.4 所示. 若 $AQ=QB, AR=RE, CR=RD, CS=SB$,求证:$DT=TP=PE$.

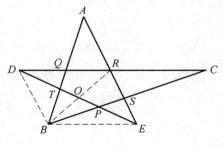

图 5.4

证法 1 联结 BD, BR, BE,设 BR 与 DE 相交于点 O.

由 $AQ=QB, AR=RE$,可知 $QR \parallel BE$;

由 $CR=RD, CS=SB$,可知 $RS \parallel DB$.

所以 $DBER$ 为平行四边形,所以点 O 是 BR 的中点.

21

由 $\triangle ARQ \cong \triangle BDQ$，知 Q 是 DR 的中点.

所以点 T 是 $\triangle BDR$ 的重心.

因此
$$DT = \frac{2}{3}DO, TO = \frac{1}{3}DO$$

同理可得
$$PE = \frac{2}{3}EO, PO = \frac{1}{3}EO$$

再由 $DO = EO$，得
$$DT = TP = PE$$

证法 2 联结 QS, DA, AC, CE，如图 5.5.

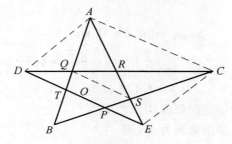

图 5.5

由 $AR = RE, CR = RD$，可知 $ADEC$ 为平行四边形，所以
$$AC \ /\!/ \ DE \text{ 且 } AC = DE$$

由
$$QS \ /\!/ \ \frac{1}{2}AC \text{ 且 } QS = \frac{1}{2}AC$$

可知
$$QS \ /\!/ \ \frac{1}{2}DE \text{ 且 } QS = \frac{1}{2}DE$$

所以点 Q 是 DR 的中点，再由 $\triangle TQD \backsim \triangle AQC$ 得
$$\frac{DT}{AC} = \frac{DQ}{QC} = \frac{1}{3}$$

所以
$$DT = \frac{1}{3}DE$$

又由 $\triangle ESP \backsim \triangle ASC$，可知 $PE = \frac{1}{3}DE$，从而
$$TP = \frac{1}{3}DE$$

所以
$$DT = TP = PE$$
注：本题是 2006 年北京市初二数学竞赛第三题，字母有所改变．

§6　9 树 10 行问题和帕普斯定理

在正五角星中，有 5 条线段共 10 个交点（包括顶点和自交点）．每条线段上有 4 个点，每点在 2 条线上．这就使我们解决了一个"10 树 5 行"的问题：

10 棵树栽成 5 行，每棵树在 2 行，每行栽 4 棵，怎样栽？

还有比这更有趣的问题，请看以下四行英语诗：

Your aid I want, nine trees to plant,

in rows just half a score;

And let there be in each row three,

solve this; I ask no more.

这首诗出自于一本由英国于 1821 年出版的趣味算题集．诗的意思用通俗的文字翻译，就是：

现有 9 棵树要栽，要求每行栽 3 棵，并恰好栽成 10 行．应该怎样去栽呢？你能帮忙栽出来吗？

据说这道题是著名物理学家、天文学家和数学家牛顿（Isaac Newton）提出和做过的．

一般情况下，把树栽成 10 行，每行 3 棵树，需要 30 棵树．而现在只有 9 棵树，要达到牛顿的要求，就需要将某些树栽到几行的交点上．数学上把 2 条以上直线交于同一个点的那个点叫作重点．为此，聪明的人们把这 9 棵树巧妙地栽到重点上，就漂亮地解决了问题，如图 6.1 所示．

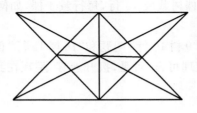

图 6.1

绝妙精当的设计，和谐优美的构图！

这个图形与著名的帕普斯定理有关．

帕普斯（Pappus）是古希腊的数学家．他的著作《数学汇编》被后人誉为"数

学珍宝". 他提出了著名的定理:

帕普斯定理 如图 6.2, 在直线 l 上依次有点 A,C,E, 在直线 m 上依次有点 D,F,B, 设 BC 与 EF 交于点 P, AB 与 DE 交于点 L, AF 与 CD 交于点 Q, 则 P,L,Q 三点共线.

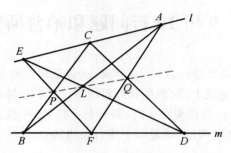

图 6.2

于是我们可以这样构造 9 树 10 行的图,如图 6.3:

第一步,在直线 l 上从右至左任取两点 A,C;

第二步,在直线 m 上从左至右任取三点 B,F,D;

第三步,联结直线 AB,BC,CD,AF,CF;

第四步,记 AB 与 CF 的交点为 L, CD 与 AF 的交点为 Q, 如图 6.3(a);

第五步,联结直线 DL 交直线 l 于点 E, 如图 6.3(b);

第六步,联结直线 EF 交直线 BC 于点 P, 如图 6.3(c).

以上 9 个点 $A_1,A_2,A_3,B_1,B_2,B_3,P,Q,R$ 分别位于 9 条线段上,这就解决了"9 树 9 行"问题. 那么"9 树 10 行"问题中的第 10 条线段如何画出呢?

根据帕普斯定理,三点 P,Q,R 在一条直线上,联结 P,Q,R 就是"9 树 10 行问题"的第 10 条线段了,如图 6.3(d).

19 世纪末,英国数学游戏大师杜登尼写了一本书《520 个趣味数学难题》, 其中有这样一道题:16 棵树栽成 15 行,每行栽 4 棵,如何栽?

图 6.4 就是答案.

"10 树 5 行"问题、"9 树 10 行"问题和"16 树 15 行"问题,看起来是浅显的, 似乎没有深刻的数学道理可言. 可是,拨开迷雾,呈现在我们面前的是一山又一山的美不胜收的景色!

【趣味应用】

帕普斯定理是如何证明的呢?

一种证法是利用另一个著名的定理 —— 梅涅劳斯定理.

梅涅劳斯(Menelaus) 是古希腊著名数学家和天文学家,以他的名字命名的定理是:当一直线与 $\triangle ABC$ 的边 BC,CA,AB 分别交于点 D,E,F 时, $\dfrac{AF}{FB}$ ·

$$\frac{BD}{DC} \cdot \frac{CE}{EA} = 1.$$

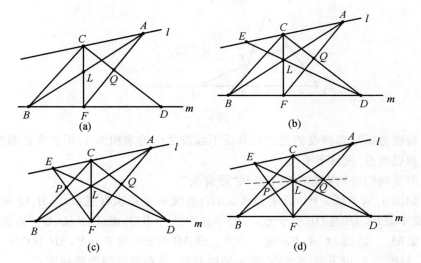

图 6.3

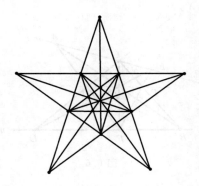

图 6.4

梅涅劳斯定理的证明其实很简单,如图 6.5,过点 A 作 DF 的平行线交 BC 的延长线于点 G.

因为
$$\frac{AF}{FB} = \frac{GD}{DB}$$

且
$$\frac{CE}{EA} = \frac{CD}{DG}$$

所以

$$\frac{AF}{FB} \cdot \frac{BD}{DC} \cdot \frac{CE}{EA} = \frac{GD}{DB} \cdot \frac{BD}{DC} \cdot \frac{CD}{DG} = 1$$

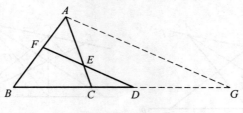

图 6.5

梅涅劳斯定理涉及的是三点共线下线段之比的乘积为 1，用它来证明帕普斯定理仍然是"无从下手"！

但是我们终归有办法啃下这块"硬骨头"。

如图 6.6，直线 l 上依次有点 A, C, E，直线 m 上依次有点 D, F, B，设 BC 与 EF 交于点 P，AB 与 DE 交于点 L，AF 与 CD 交于点 Q，求证：P, L, Q 三点共线。

证明 延长 DC 和 FE 交于点 X，设 AB 与 EF 交于点 Y，AB 与 CD 交于点 Z，如图 6.6，以下对 $\triangle XYZ$ 和不同的截线，分别运用梅涅劳斯定理。

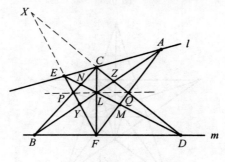

图 6.6

对直线 ELD，有

$$\frac{YL}{LZ} \cdot \frac{ZD}{DX} \cdot \frac{XE}{EY} = 1 \qquad ①$$

对直线 AMF，有

$$\frac{YA}{AZ} \cdot \frac{ZQ}{QX} \cdot \frac{XF}{FY} = 1 \qquad ②$$

对直线 BNC，有

$$\frac{YB}{BZ} \cdot \frac{ZC}{CX} \cdot \frac{XP}{PY} = 1 \qquad ③$$

对直线 ACE，有

$$\frac{YA}{AZ} \cdot \frac{ZC}{CX} \cdot \frac{XE}{EY} = 1 \qquad ④$$

对直线 BFD,有

$$\frac{YB}{BZ} \cdot \frac{ZD}{DX} \cdot \frac{XF}{FY} = 1 \qquad ⑤$$

①×②×③/④×⑤ 得

$$\frac{YL}{LZ} \cdot \frac{ZD}{DX} \cdot \frac{XE}{EY} \cdot \frac{YA}{AZ} \cdot \frac{ZQ}{QX} \cdot \frac{XF}{FY} \cdot$$
$$\frac{YB}{BZ} \cdot \frac{ZC}{CX} \cdot \frac{XP}{PY} \cdot \frac{AZ}{YA} \cdot \frac{CX}{ZC} \cdot \frac{EY}{XE} \cdot$$
$$\frac{BZ}{YB} \cdot \frac{DX}{ZD} \cdot \frac{FY}{XF} = 1$$

所以

$$\frac{YL}{LZ} \cdot \frac{ZQ}{QX} \cdot \frac{XP}{PY} = 1$$

因此 P, L, Q 三点共线.

下面我们用"共边比例定理"来证明帕普斯定理.

共边比例定理 在四边形 $PAQB$ 中,若 PQ 与 AB 相交于点 M(图 6.7),则 $\dfrac{S_{\triangle PAB}}{S_{\triangle QAB}} = \dfrac{PM}{QM}$.

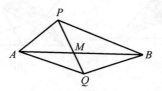

图 6.7

以下开始证明:如图 6.8,直线 l 上依次有点 A, C, E,直线 m 上依次有点 D, F, B,设 BC 与 EF 交于点 P,AF 与 CD 交于点 Q,联结 PQ,设 PQ 交 ED 于 L'(图 6.8(a)),PQ 交 AB 于 L''(图 6.8(b)),下面我们的任务是证明 L' 与 L'' 重合.

在四边形 $PEQD$(阴影)中,有

$$\frac{PL'}{QL'} = \frac{S_{\triangle PED}}{S_{\triangle QED}} \qquad ①$$

在四边形 $PAQB$(阴影)中,有

$$\frac{QL''}{PL''} = \frac{S_{\triangle QAB}}{S_{\triangle PAB}} \qquad ②$$

注意到

$$\frac{S_{\triangle PED}}{S_{\triangle BEP}} = \frac{FD}{BF}, \frac{S_{\triangle ADQ}}{S_{\triangle QED}} = \frac{CA}{EC}$$

$$\frac{S_{\triangle QAB}}{S_{\triangle ADQ}} = \frac{BF}{FD} \cdot \frac{S_{\triangle BEP}}{S_{\triangle PAB}} = \frac{EC}{CA}$$

①×② 得

$$\frac{PL'}{QL'} \cdot \frac{QL''}{PL''} = \frac{S_{\triangle PED}}{S_{\triangle QED}} \cdot \frac{S_{\triangle QAB}}{S_{\triangle PAB}} =$$

$$\frac{S_{\triangle PED}}{S_{\triangle BEP}} \cdot \frac{S_{\triangle ADQ}}{S_{\triangle QED}} \cdot$$

$$\frac{S_{\triangle QAB}}{S_{\triangle ADQ}} \cdot \frac{S_{\triangle BEP}}{S_{\triangle PAB}} =$$

$$\frac{FD}{BF} \cdot \frac{CA}{EC} \cdot \frac{BF}{FD} \cdot \frac{EC}{CA} = 1$$

所以

$$\frac{PL'}{QL'} = \frac{PL''}{QL''}$$

所以 L' 与 L'' 重合，即 P, L, Q 三点共线.

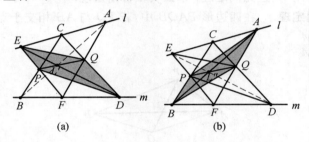

图 6.8

证明帕普斯定理还有其他的方法. 我们看到,无论是怎样证明,都是不容易的. 这是因为定理中仅涉及平面上的点与线段之间的关系,深刻地反映着数与形的内在联系.

一千多年以后,公元 1639 年,法国数学家布莱士·帕斯卡(Blaise Pascal)将帕普斯定理推广,得到了如下结果："如果一个六边形内接于一条圆锥曲线（圆、椭圆、双曲线、抛物线),那么它的三对对边的交点在同一条直线上."（图 6.9）,这就是著名的帕斯卡定理,它是射影几何中的一个重要的定理.

具体来说,就是:六边闭折线 $A_1A_2A_3A_4\ A_5A_6A_1$ 中,A_1A_2 与 A_4A_5 相交于点 P,A_2A_3 与 A_5A_6 相交于点 Q,A_3A_4 与 A_6A_1 相交于点 L,则 P,L,Q 三点共线.

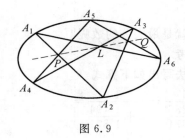

图 6.9

§7 与正五角星相关的连分数

在 §5 中我们谈到,正五角星的轮廓线围成的区域的面积,约占其外接圆面积的 $\frac{1\ 871}{5\ 236}$. 这个数字看起来很费劲. 能否用一个"好看"一些的分数近似地表示它呢?

先介绍正整数的辗转相除法,在西方称为欧几里得(Euclid)算法.

在中国古代就有一个很好的算法来计算正整数 a,b 的最大公约数 (a,b). 下面通过计算 1 397 和 2 413 的最大公约数 $(1\ 397,2\ 413)$ 来阐述这一算法.

第一次除:用 1 397 除 2 413,商 1 余 1 016;

第二次除:用 1 016 除 1 397,商 1 余 381;

第三次除:用 381 除 1 016,商 2 余 254;

第四次除:用 254 除 381,商 1 余 127;

第五次除:用 127 除 254,商 2 余 0.

整个计算的流程是:

$2\ 413 = 1\ 397 \times 1 + 1\ 016$;

$1\ 397 = 1\ 016 \times 1 + 381$;

$1\ 016 = 381 \times 2 + 254$;

$381 = 254 \times 1 + 127$;

$254 = 127 \times 2 + 0$;

所以 $(1\ 397, 2\ 413) = 127$.

由此可见,用辗转相除法求两个整数的最大公约数的步骤如下:

先用小的一个数除大的一个数,得第一个余数;

再用第一个余数除小的一个数,得第二个余数;

又用第二个余数除第一个余数,得第三个余数;

这样逐次用后一个余数去除前一个余数,直到余数是 0 为止. 那么,最后一个除数就是所求的最大公约数(如果最后的除数是 1,那么原来的两个数是互质数).

为什么这样求出的就是最大公约数呢?

这个问题请读者思考.

我们再用辗转相除法写出如下算式

$$\frac{1\,871}{5\,236}=\frac{1}{\frac{5\,236}{1\,871}}=\frac{1}{2+\frac{1\,494}{1\,871}}=$$

$$\frac{1}{2+\frac{1}{\frac{1\,871}{1\,494}}}=\frac{1}{2+\frac{1}{1+\frac{377}{1\,494}}}=$$

$$\frac{1}{2+\frac{1}{1+\frac{1}{\frac{1\,494}{377}}}}=\frac{1}{2+\frac{1}{1+\frac{1}{3+\frac{363}{377}}}}=$$

$$\frac{1}{2+\frac{1}{1+\frac{1}{3+\frac{1}{\frac{377}{363}}}}}=\frac{1}{2+\frac{1}{1+\frac{1}{3+\frac{1}{1+\frac{14}{363}}}}}=$$

$$\frac{1}{2+\frac{1}{1+\frac{1}{3+\frac{1}{1+\frac{1}{\frac{363}{14}}}}}}=\frac{1}{2+\frac{1}{1+\frac{1}{3+\frac{1}{1+\frac{1}{25+\frac{13}{14}}}}}}=$$

$$\frac{1}{2+\frac{1}{1+\frac{1}{3+\frac{1}{1+\frac{1}{25+\frac{1}{\frac{14}{13}}}}}}}=\frac{1}{2+\frac{1}{1+\frac{1}{3+\frac{1}{1+\frac{1}{25+\frac{1}{1+\frac{1}{13}}}}}}}$$

即

$$\frac{1\,871}{5\,236} = \cfrac{1}{2+\cfrac{1}{1+\cfrac{1}{3+\cfrac{1}{1+\cfrac{1}{25+\cfrac{1}{1+\cfrac{1}{13}}}}}}}$$

最终,我们把分数 $\frac{1\,871}{5\,236}$ 化成了各"层"分数的分子均为 1 的多层繁分数

$$\frac{1\,871}{5\,236} = \cfrac{1}{2+\cfrac{1}{1+\cfrac{1}{3+\cfrac{1}{1+\cfrac{1}{25+\cfrac{1}{1+\cfrac{1}{13}}}}}}}$$

这样的繁分数称为连分数. 为了节省篇幅,我们把它写成如下形式

$$\frac{1\,871}{5\,236} = \frac{1}{2+}\frac{1}{1+}\frac{1}{3+}\frac{1}{1+}\frac{1}{25+}\frac{1}{1+}\frac{1}{13}$$

要计算连分数,难道就像这样如同蜗牛一样慢慢地计算吗?不是.
计算的草式应该是这样的,速度就快得多了

```
 5 236 |
 3 742 | 2  | 1 871
 1 494 | 1  | 1 494
 1 131 | 3  |   377
   363 | 1  |   363
   350 | 25 |    14
    13 | 1  |    13
    13 | 13 |     1
     0
```

下面我们来玩一个游戏,把这个连分数一节一节地截断,就可以得到:

前 1 节:$\frac{1}{2}$;

前 2 节:$\frac{1}{2+}\frac{1}{1} = \frac{1}{3} = 0.333\,333\,333\,3\cdots$;

前 3 节:$\frac{1}{2+}\frac{1}{1+}\frac{1}{3} = \frac{4}{11} = 0.363\,636\,363\,6\cdots$;

前 4 节：$\dfrac{1}{2+}\dfrac{1}{1+}\dfrac{1}{3+}\dfrac{1}{1}=\dfrac{5}{14}=0.357\,142\,857\,1\cdots$；

前 5 节：$\dfrac{1}{2+}\dfrac{1}{1+}\dfrac{1}{3+}\dfrac{1}{1+}\dfrac{1}{25}=\dfrac{141}{394}=0.357\,868\,020\,3\cdots$；

前 6 节：$\dfrac{1}{2+}\dfrac{1}{1+}\dfrac{1}{3+}\dfrac{1}{1+}\dfrac{1}{25+}\dfrac{1}{1}=\dfrac{134}{375}=0.357\,333\,333\,3\cdots$；

前 7 节（即原分数）

$$\dfrac{1}{2+}\dfrac{1}{1+}\dfrac{1}{3+}\dfrac{1}{1+}\dfrac{1}{25+}\dfrac{1}{1+}\dfrac{1}{13}=\dfrac{1\,871}{5\,236}=0.357\,333\,842\,6\cdots$$

以上的前 1，2，3，4，5，6 节的分数均称为原分数 $\dfrac{1\,871}{5\,236}$ 的渐近分数．

为什么称之为渐近分数呢？

首先，我们看到这些分数有如下特性：第 1 个渐近分数比原分数 $\dfrac{1\,871}{5\,236}$ 小，第 2 个渐近分数比原分数 $\dfrac{1\,871}{5\,236}$ 大，第 3 个比它小，第 4 个比它大，……，一个比一个更接近原分数，而最后一个（第 7 个）渐近分数就是原分数 $\dfrac{1\,871}{5\,236}$ 本身．

接着，我们考察前 6 节的渐近分数 $\dfrac{134}{375}$，并且证明：分母不超过 375 的分数中，没有一个比 $\dfrac{134}{375}$ 更接近 $\dfrac{1\,871}{5\,236}$ 了．

证明：$\left|\dfrac{1\,871}{5\,236}-\dfrac{134}{375}\right|=\dfrac{70\,625-70\,624}{5\,236\times 375}=\dfrac{1}{5\,236\times 375}$，令 $\dfrac{a}{b}$ 是任意一个分母 b 小于 375 的分数，那么

$$\left|\dfrac{1\,871}{5\,236}-\dfrac{a}{b}\right|=\dfrac{|1\,871b-5\,236a|}{5\,236b}>\dfrac{1}{5\,236b}>\dfrac{1}{5\,236\times 375}$$

这说明，$\dfrac{134}{375}$ 是所有分母不超过 375 的分数中最接近 $\dfrac{1\,871}{5\,236}$ 的数．

现在我们可以回答本节开头提出的问题：正五角星的轮廓线围成的区域面积，约占其外接圆面积的 $\dfrac{134}{375}$（前 6 节近似值）．粗略地，可以说正五角星的轮廓线围成的区域面积，约占其外接圆面积的 $\dfrac{5}{14}$（前 4 节近似值）．

§8 五角星与密克圆

著名的"五圆定理"是这样的：延长五边形各边在外部成五个三角形，这五个三角形的外接圆的另五个交点共圆(图 8.1).

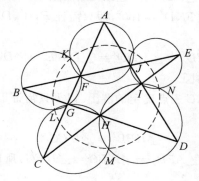

图 8.1

这是一道富于挑战性的问题．五角星形是任意的，但五个三角形的外接圆的交点中，异于五边形顶点的第二个交点，却有一定的秩序性 —— 这五点共圆．这是一道多么诱人、富于哲理的数学问题呀！

如图 8.2，将任意凸五边形 $ABCDE$ 的边延长，交成五角星形 $FKGLH$，作 $\triangle ABF$，$\triangle BCG$，$\triangle CDH$，$\triangle DEK$，$\triangle EAL$ 的外接圆，诸圆两两相交的第二个交点记为 A'，B'，C'，D'，E'．求证：点 A'，B'，C'，D'，E' 共圆.

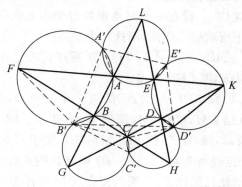

图 8.2

分析 要证明 A'，B'，C'，D'，E' 这五点共圆，只需证明 E'，A'，B'，D' 四点共圆且 E'，A'，B'，C' 四点共圆．因为过不共线三点 E'，A'，B' 的圆是存在且唯一的，所以 C'，D' 两点必在此圆上，即 A'，B'，C'，D'，E' 这五点共圆.

要证 E',A',B',D' 四点共圆,只需证
$$\angle A'E'D' + \angle A'B'D' = 180°$$
联结 $EE',AA',A'E',FB',KD',E'D',DD',B'D'$,由圆内接四边形的外角等于内对角和圆内同弧上的圆周角相等可知
$$\angle EE'A' = \angle A'AF = \angle FB'A'$$
$$\angle EE'D' = \angle EKD' = \angle FKD'$$
故只需证 $\angle FB'D' + \angle FKD' = 180°$,即只需证 F,B',D',K 四点共圆.

又因为
$$\angle HCD' = \angle HDD' = \angle D'KE = \angle D'KF$$
所以 F,K,D',C 四点共圆.

也就是 D' 在 F,K,C 三点确定的圆上. 以下只需证 B' 也在圆 FKC 上就可以了. 这只需
$$\angle KFB' = \angle B'CG$$
注意到 $\angle KFB' = \angle AFB' = \angle B'BG = \angle B'CG$,所以, $\angle KFB' = \angle B'CG$ 成立.

至此,证明 E',A',B',D' 四点共圆的思路已经理清,即可得证.

同理可证 E',A',B',C' 四点共圆,因此可得 A',B',C',D',E' 五点共圆.

以上的证法朴实,但显得比较麻烦.

有没有一个更简便的证法呢?

回答是肯定的. 利用完全四边形的密克(A. Miquel)定理,可以简捷地证明这个问题.

先给出关于三角形的密克定理:

三角形的密克定理　设在一个三角形的每个边上取一点,过三角形的每一顶点与两条邻边上所取的点作圆,则这三个圆共点.

如图 8.3,设在 $\triangle ABC$ 三边 AB,BC,CA 所在直线上各任取一点 D,E,F,求证:圆 AFD,圆 BDE,圆 CEF 共点.

证明　如图 8.3,圆 ADF 与圆 BDE 有一个交点 D,则必有第二个交点 M(可与 D 重合),联结 DM,EM,FM,则有 $\angle AFM = \angle BDM = \angle CEM$,所以 M,E,C,F 四点共圆,即圆 ADF,圆 BDE,圆 CEF 交于一点 M. 证毕.

在 1838 年这个定理由密克(A. Miquel)明确叙述并给出了证明. 虽然它的真实性可能很早以前就已经知道. 三圆的交会点 M 被称为 $\triangle ABC$ 的密克点.

如图 8.4,四条直线两两相交于六点 A,B,C,D,E,F 所构成的图形,在近世几何中称为完全四边形.

完全四边形的密克定理　两两相交的四条直线交成的四个三角形,它们的外接圆必交于同一点.

第1章 五角星

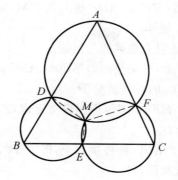

图 8.3

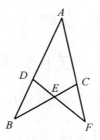

图 8.4

如图 8.5,对于完全四边形 $ABCDEF$,求证:圆 BDE,圆 ADF,圆 ABC,圆 CEF 共点于 M.

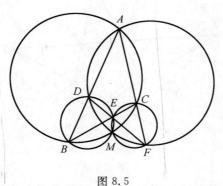

图 8.5

此定理的证明并没有想象中的困难.

证明　先证明圆 ABC,圆 BDE,圆 CEF 共点于 M.

设圆 BDE,圆 CEF 有一个交点 E,另有第二个交点 M,联结 BM,CM,EM,由 $\angle MCF = \angle MEF = \angle DBM = \angle ABM$ 可知,圆 ABC 过点 M,即圆 BDE,圆 CEF,圆 ABC 共点于 M.

35

同理可知圆 BDE,圆 CEF,圆 ADF 也共点于 M,因此,圆 ADF,圆 ABC,圆 BDE,圆 CEF 共点于 M. 证毕.

下面利用密克定理证明五角星的几何题.

证明 如图 8.6 所示,对完全四边形 $FKCABG$,根据密克定理,四个三角形 KFC,KAG,ABF,BCG 的外接圆交于一点 B'.

同理,对完全四边形 $HFECDK$,根据密克定理,$\triangle KFC$,$\triangle HFE$,$\triangle CDH$,$\triangle DEK$ 的外接圆共点于 D'.

于是得 B',D' 都在 $\triangle KFC$ 的外接圆上,即 F,B',C,D',K 五点共圆.

由 F,B',D',K 四点共圆,得
$$\angle FB'D' + \angle EKD' = 180°$$

但
$$\angle FB'A' = \angle FAA' = \angle EE'A', \angle FKD' = \angle EE'D'$$

所以
$$\angle A'B'D' + \angle A'E'E + \angle EE'D' = 180°$$

即
$$\angle A'B'D' + \angle A'E'D' = 180°$$

故点 B',A',E',D' 共圆.

同理可证 C',B',A',E' 四点共圆,可知 C',D' 都在 $\triangle B'A'E'$ 的外接圆上,即 A',B',C',D',E' 五点共圆. 证毕.

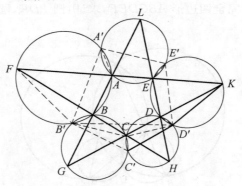

图 8.6

下面我们介绍一段有趣的数学史话.(主要根据北京师范大学张英伯教授的讲座《五点共圆问题与 Clifford's 链定理》)

1838 年,密克证明了关于四圆共点的密克定理. 在这个定理的基础上,克利福德(Clifford)于 1871 年建立了克利福德链定理. 这是一个妙趣横生的定理.

克利福德是一个才华横溢的数学家,他英年早逝(34 岁). 他建立了克利福

德代数,这是一种交换环上的有限维结合代数,可以看作是复数域和哈密尔顿(Hamilton)四元数除环的推广. 他将这种代数应用于运动几何. 他还研究了非欧氏空间中的运动,引入了平行线的新定义,并对微分几何做出贡献,创建了克莱因(Klein)—克利福德空间. 直到今天,克利福德代数仍然是数学、物理、几何、分析领域中的热门话题.

克利福德链定理的表述,如下:

当 $n=2$ 时,任取平面内两条相交直线,则这两条相交直线确定一个点,如图 8.7(a).

当 $n=3$ 时,任取平面内两两相交且不共点的三条直线,则其中每两条为一组可确定一个点,共有三个点,那么这三个点确定一个圆,如图 8.7(b).

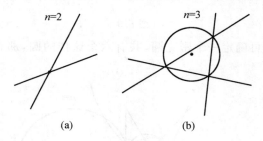

图 8.7

当 $n=4$ 时,任取平面内两两相交且任意三条直线都不共点的四条直线,则其中每三条为一组可确定一个圆,共有四个这样的圆,那么这四个圆共点. 此点被称为华莱斯(Wallace)点,如图 8.8.

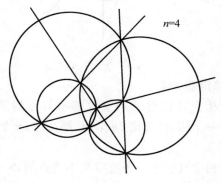

图 8.8

当 $n=5$ 时,任取平面内两两相交且任意三条直线不共点的五条直线,则其中每四条为一组可确定如上所述的一个华莱斯点,共有五个这样的点,那么这五个点共圆. 此圆称为密克圆. 此即五点共圆问题,如图 8.9.

当 $n=6$ 时,任取平面内两两相交且任意三条直线不共点的六条直线,则其

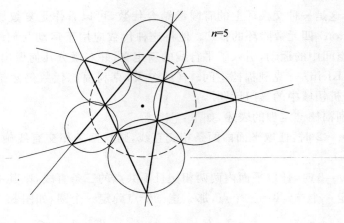

图 8.9

中每五条为一组,可确定一个密克圆,共有六个这样的圆,那么这六个圆共点,如图 8.10.

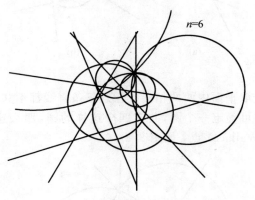

图 8.10

一般地,克利福德定理如下:

任取平面内两两相交且任意三条直线都不共点的 $2n$ 条直线,则其中每 $2n-1$ 条直线可确定一个圆,共确定 $2n$ 个圆,那么这 $2n$ 个圆交于一点,称为 $2n$ 条直线的克利福德点.

任取平面内两两相交且任意三条直线都不共点的 $2n+1$ 条直线,则其中每 $2n$ 条直线可确定一个克利福德点,共确定 $2n+1$ 个点,那么这 $2n+1$ 个点共圆,称为 $2n+1$ 条直线的克利福德圆.

显然,用平面几何的方法证明克利福德定理几乎是不可能的. 实际上,在复平面上,通过建立直线的复数方程,用线性代数的变换、矩阵、行列式和对称多项式等现代数学的工具,终于巧妙地解决了这样复杂的平面几何问题.

伟大的数学家高斯(Gauss)曾经说过:"数学中的一些美丽定理具有这样的特性:它们极易从事实中归纳出来,但证明却隐藏得极深."

§9 正五角星的面积

多边形的面积是指平面几何图形在平面内所占地方的大小. §5 我们研究了正五角星的轮廓形(凹十边形)的面积.

正五角星是有自交点的几何图形,这样的图形如何定义它的面积? 如何计算?

在图 9.1 中,正五角星 $A_1A_2A_3A_4A_5$ 按箭头方向画出,我们把方向 $A_1 \to A_2 \to A_3 \to A_4 \to A_5 \to A_1$ 称为这个正五角星的行走方向. 我们规定,多边形的行走方向若是逆时针方向,则它的面积为正值,否则面积为负值.

图 9.1

有行走方向的多边形称为有向多边形,否则称为无向多边形. 我们常说的多边形是无向多边形.

我们规定无向多边形的面积是相应的有向多边形面积的绝对值.

在图 9.2(a) 中,正五角星 $A_1A_2A_3A_4A_5$ 的边 A_2A_3 与边 A_5A_1 相交于点 T,将此正五角星从自交点 T 处分离,就得到两个有向多边形,这就是逆时针方向行走的 $\triangle A_1A_2T$ 和凹四边形 $A_3A_4A_5T$,参见图 9.2(b)(c).

于是,我们把有向 $\triangle A_1A_2T$ 和有向凹四边形 $A_3A_4A_5T$ 的面积之和,定义为原有向正五角星的面积.(而为什么要这样定义五角星的面积,在下一节里我们再给出理由.)

下面我们来计算正五角星的面积.

第一步,计算 $\triangle A_1A_2T$ 的面积,因为它的行走方向是逆时针的,所以面积为正值.

参见图 9.2(b),设正五角星的半径为 R,由 §5 的推论知
$$A_2T = TA_1 = a + b = 2R\sin 36°$$

$$\angle A_1TA_2=108°$$

所以
$$S_{\triangle A_1A_2T}=\frac{1}{2}A_2T\cdot TA_1\sin\angle A_1TA_2=$$
$$\frac{1}{2}(2R\sin 36°)^2\sin 108°=$$
$$2R^2\sin^2 36°\cos 18°$$

注意到
$$\sin 36°\cos 18°=\frac{1}{4}\sqrt{10-2\sqrt{5}}\times\frac{1}{4}\sqrt{10+2\sqrt{5}}=\frac{\sqrt{5}}{4}$$

所以
$$S_{\triangle A_1A_2T}=2R^2\cdot\frac{\sqrt{5}}{4}\sin 36°=\frac{\sqrt{5}}{2}R^2\sin 36°$$

第二步,计算凹四边形 $A_3A_4A_5T$ 的面积,因为它的行走方向是逆时针的,所以面积为正值.

参见图 9.2(c),设正五角星的半径为 R,由 §5 的推论知
$$A_3A_4=A_4A_5=a+2b=2R\cos 18°$$
$$A_5T=TA_3=b=R\tan 36°$$
$$\angle A_4A_3T=\angle TA_5A_4=36°$$

所以
$$S_{\text{四边形}A_3A_4A_5T}=A_3A_4\cdot TA_3\sin\angle A_4A_3T=$$
$$2R\cos 18°\cdot R\tan 36°\sin 36°=$$
$$2R^2\sin 36°(\tan 36°\cos 18°)$$

注意到
$$\tan 36°\cos 18°=\sqrt{5-2\sqrt{5}}\times\frac{1}{4}\sqrt{10+2\sqrt{5}}=\frac{\sqrt{5}}{4}(5-\sqrt{5})$$

所以
$$S_{\text{四边形}A_3A_4A_5T}=2R^2\sin 36°\cdot\frac{1}{4}(5-\sqrt{5})=\frac{1}{2}R^2\sin 36°(5-\sqrt{5})$$

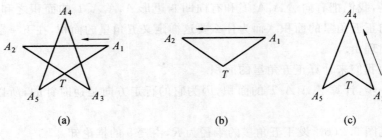

图 9.2

第三步,计算正五角星 $A_1A_2A_3A_4A_5$ 的面积.

由上述有

$$S_{正五角星A_1A_2A_3A_4A_5} = S_{\triangle A_1A_2T} + S_{四边形A_3A_4A_5T} =$$

$$\frac{\sqrt{5}}{2}R^2\sin 36° + \frac{1}{2}R^2\sin 36° \cdot (5-\sqrt{5}) =$$

$$\frac{5}{2}R^2\sin 36°$$

从以上定义可以看出,正五角星的面积实际上可以看成是正五角星的轮廓线围成的面积与正五角星自交点所在的小正五边形的面积之和,如图 9.3 所示.

下面我们用这样的方法计算一次.

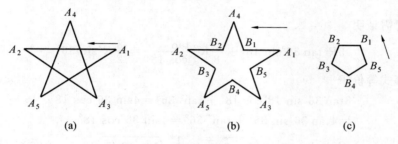

图 9.3

由 §6 知,正五角星的轮廓线所围的面积为

$$S_{轮廓线} = 5R^2\tan 36°\sin 18°$$

下面计算小正五边形的面积:

如图 9.4 所示,在 $\triangle A_1OB_1$ 中

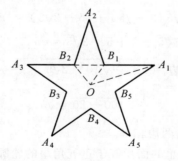

图 9.4

$$\frac{OB_1}{\sin 18°} = \frac{A_1B_1}{\sin 36°}$$

所以

$$OB_1 = \frac{A_1B_1 \sin 18°}{\sin 36°} = \frac{R\tan 36°}{2\cos 18°}$$

所以
$$S_{\triangle B_1 OB_2} = \frac{1}{2}\left(\frac{R\tan 36°}{2\cos 18°}\right)^2 \sin 72° =$$
$$\frac{1}{8}R^2 \frac{\tan^2 36°}{\cos 18°}$$

所以
$$S_{小正五边形} = \frac{5}{8}R^2 \frac{\tan^2 36°}{\cos 18°}$$

我们又知道
$$S_{正五角星} = \frac{5}{2}R^2 \sin 36°$$

以下只需证明
$$5R^2 \tan 36° \sin 18° + \frac{5}{8}R^2 \frac{\tan^2 36°}{\cos 18°} = \frac{5}{2}R^2 \sin 36°$$

这个等式等价于
$$8\tan 36° \sin 18° \cos 18° + \tan^2 36° = 4\sin 36° \cos 18°$$
$$\Leftrightarrow 4\tan 36° \sin 36° + \tan^2 36° = 4\sin 36° \cos 18° \quad (*)$$

式($*$)的左边 $= 4 \times \sqrt{5 - 2\sqrt{5}} \times \frac{1}{4}\sqrt{10 - 2\sqrt{5}} + (5 - 2\sqrt{5}) =$
$$\sqrt{(5 - 2\sqrt{5})(10 - 2\sqrt{5})} + (5 - 2\sqrt{5}) =$$
$$\sqrt{70 - 30\sqrt{5}} + (5 - 2\sqrt{5}) =$$
$$\sqrt{5(14 - 6\sqrt{5})} + (5 - 2\sqrt{5}) =$$
$$\sqrt{5}(3 - \sqrt{5}) + (5 - 2\sqrt{5}) =$$
$$3\sqrt{5} - 5 + 5 - 2\sqrt{5} = \sqrt{5}$$

式($*$)的右边 $= 4 \times \frac{1}{4}\sqrt{10 - 2\sqrt{5}} \times \frac{1}{4}\sqrt{10 + 2\sqrt{5}} =$
$$\frac{1}{4}\sqrt{100 - 20} = \sqrt{5}$$

所以式($*$)的左、右两边相等.

这就证明了：正五角星的面积等于正五角星的轮廓线围成的面积与正五角星自交点所在的小正五边形的面积之和.

§10 五边星形的顶角和

可以排成一圈的五个点,顺次联结相隔一个点的两点所成的闭折线叫五边星形.

五边星形以及由此变通得到的图形的角度问题,在中学数学(尤其是初中)很常见.

一个基本的问题是:已知五角星的顶点分别为 A,B,C,D,E,求 $\angle A + \angle B + \angle C + \angle D + \angle E$ 的度数. 本题有多种解法,仅写思路如下:

思路 1 如图 10.1(a),$\angle 1,\angle 2$ 分别是 $\triangle FBC,\triangle GDE$ 的外角,然后在 $\triangle AFG$ 内运用"三角形三内角和为 $180°$".

思路 2 如图 10.1(b),$\angle 1+\angle 2=\angle C+\angle D$,然后在 $\triangle ABE$ 内运用"三角形三内角和为 $180°$".

思路 3 如图 10.1(c),$\angle 1=\angle A+\angle B+\angle E$,然后在 $\triangle HCD$ 内运用"三角形三内角和为 $180°$".

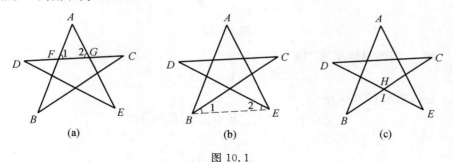

图 10.1

在图 10.1(a) 中,四边闭折线 $ABHE$ 是一个凹四边形,我们称之为"镰刀形". 利用它的性质"$\angle 1=\angle A+\angle B+\angle E$"可以快速地解决一些相关问题.

例 1 如图 10.2,$ABCDE$ 是五边闭折线,BC 与 DE 交于点 F,求 $\angle A + \angle B + \angle C + \angle D + \angle E$ 的大小.

解 因为 $ABFE$ 是"镰刀形",所以
$$\angle BFE = \angle A + \angle B + \angle E$$
而
$$\angle BFE = \angle DFC$$
在 $\triangle FCE$ 中
$$\angle C + \angle D + \angle DFC = 180°$$
所以

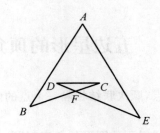

图 10.2

$$\angle C+\angle D+\angle BFE=\angle C+\angle D+\angle A+\angle B+\angle E=180°$$

例 2 如图 10.3，ABCDEF 是六边闭折线，BC 与 EF 交于点 G，求 $\angle A+\angle B+\angle C+\angle D+\angle E+\angle F$ 的大小．

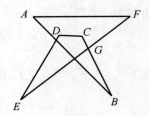

图 10.3

解 因为 ABGF 是"镰刀形"，所以
$$\angle BGF=\angle A+\angle B+\angle F$$
在四边形 CDEG 中
$$\angle C+\angle D+\angle E+\angle CGE=360°$$
而
$$\angle CGE=\angle BGF$$
所以
$$\angle C+\angle D+\angle E+\angle CGE=\angle C+\angle D+\angle E+\angle BGF=$$
$$\angle C+\angle D+\angle E+\angle A+\angle B+\angle F=360°$$

例 3 如图 10.4，ABCDEF 是六边闭折线，BC 与 DE 交于点 P，AF 与 DE 交于点 O，求 $\angle A+\angle B+\angle C+\angle D+\angle E+\angle F$ 的度数．

解 四边形 ABPO 的内角和为
$$\angle A+\angle B+\angle BPO+\angle POA=360°$$
因为 $\angle BPO$ 是 $\triangle PDC$ 的外角，所以
$$\angle BPO=\angle C+\angle D$$
因为 $\angle POA$ 是 $\triangle OEF$ 的外角，所以
$$\angle POA=\angle E+\angle F$$

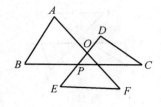

图 10.4

所以
$$\angle A+\angle B+\angle C+\angle D+\angle E+\angle F=360°$$

例 4 如图 10.5，$ABCDEF$ 是七边闭折线，求 $\angle A+\angle B+\angle C+\angle D+\angle E+\angle F+\angle G$ 的度数.

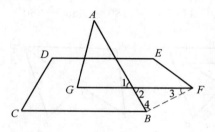

图 10.5

分析 多边形内角和公式为 $(n-2)\times 180°$，若把问题转化为多边形内角和，则容易解决了.

解 如图 10.5，联结 BF，则
$$\angle A+\angle G+\angle 1=\angle 2+\angle 3+\angle 4$$
因为
$$\angle 1=\angle 2$$
所以
$$\angle A+\angle G=\angle 3+\angle 4$$
所以
$$\angle A+\angle B+\angle C+\angle D+\angle E+\angle F+\angle G=$$
$$\angle D+\angle C+\angle CBF+\angle BFE+\angle E=$$
$$(5-2)\times 180°=540°$$

下面我们介绍一种平移的方法解决内角和问题. 这个方法让图形"动"了起来，显得生动活泼.

例 5 如图 10.6，$ABCDEF$ 是六边闭折线，AB 与 EF 交于点 M，求 $\angle A+\angle B+\angle C+\angle D+\angle E+\angle F$ 的度数.

分析 平移 DC 到 D_1C_1，使它与 ED,BC 的延长线的交点是 D_1,C_1（延长

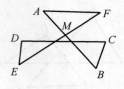

图 10.6

多远无关紧要),由平行线的同位角相等知,现在欲求的是 $\angle A+\angle B+\angle C_1+\angle D_1+\angle E+\angle F$,参见图 10.7(a). 现在我们将闭折线 ABC_1D_1EF 在自交点 M 处"截断",得到一个五边形 D_1C_1BME 和一个 $\triangle AMF$,那么转化成为求五边形的内角和加上三角形的内角和,然后减去 $360°$.

在图 10.7(b) 中,联结 D_1M,C_1M,有
$$3\times 180°+180°-360°=360°$$

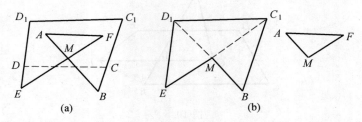

图 10.7

以上这种平移的方法,在本书后续章节中会继续应用.

例 6 如图 10.8,如果五边闭折线的点 D 如图一样运动,求 $\angle A+\angle B+\angle C+\angle CDE+\angle E$ 的度数.

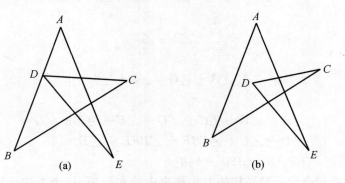

图 10.8

分析 先看图 10.8(a),解此题有多种方法,比如利用"镰刀形"和平移法. 这里介绍一种风格迥异的方法——方向圆法.

以点 O 为圆心,以适当长度为半径作一个圆. 这个圆用来刻画平面折线在

顶点处的角,称为方向圆.如何刻画角?

先作所求各角的外角,并将角的旋转方向统一为逆时针方向,如图10.9,然后在方向圆上作半径 OA_1,使 $OA_1 \parallel EA$,作半径 OB_1,使 $OB_1 \parallel AB$,这样闭折线在 A 处的外角可用方向圆上的 $\angle A_1 OB_1$(图上标记为 $\angle 1$)表示,且方向为逆时针方向. 同理,闭折线在 B, C, D, E 处的外角也可用方向圆上的 $\angle B_1 OC_1$(图上标记为 $\angle 2$),$\angle C_1 OD_1$(图上标记为 $\angle 3$),$\angle D_1 OE_1$(图上标记为 $\angle 4$),$\angle E_1 OA_1$(图上标记为 $\angle 5$)表示,且方向均为逆时针方向.

我们发现,当我们从点 A 出发,沿着闭折线 $ABCDE$ 的各边行走再回到点 A 时,顶点处的外角在方向圆上从 OA 出发逆时针转了2圈,注意到每个顶点处的外角与顶角组成一个平角,共5个顶点,所以
$$\angle A + \angle B + \angle C + \angle CDE + \angle E = 5 \times 180° - 2 \times 360° = 180°$$

我们再考查图 10.8(b) 的图形,用上述方法,不难发现所求的顶角之和与点 D 的位置关系不大,只要能当用方向圆刻画外角时正好转了2圈即可. 因此,所求的答案仍然是 $180°$.

我们如此不计篇幅地讲述方向圆法,是不是舍近求远呢?我们不得不承认有这个嫌疑. 然而,之所以这样,是因为我们在后续章节中,在处理平面闭折线的折角和时就用了这个方法. 写在这里不过是未雨绸缪.

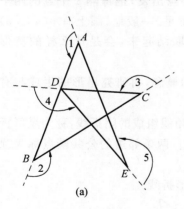
(a)

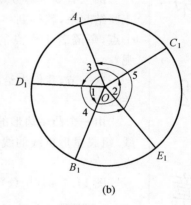
(b)

图 10.9

星形大观

第 2 章

§11 星形的生成

圆上有 5 个等分点,从某一点出发,把每隔 1 个点的两个点联结起来,就得到一个正五角星.一般地,圆上有 $n(n \geqslant 5)$ 个点,每隔若干个点的两个点联结起来,会是什么样的情形呢?

这一节,我们先给出星形的概念,再研究星形的生成与有关性质.

由一个凸多边形的边或对角线组成的闭折线,称为星形折线.组成星形折线的线段称为边,两条邻边的公共端点称为顶点.

图 11.1(a)(b)(c) 都是星形折线.

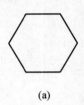 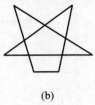

　　(a)　　　　　　(b)　　　　　(c)

图 11.1

顶角内含有的顶点数相同的星形,称为正规星形折线,简称为星形;顶角内含有的顶点数不相同的星形折线,称为非正规星形折线.

例如图 11.1(a)(c) 是星形,(b) 是非正规星形折线.

对于能组成一个凸 n 边形顶点的 n 个点 $A_1,A_2,\cdots,A_n$,它们绕着某中心点排成一圈(以下简称为排成一圈的 n 个点,并且把这个圈画成一个圆),规定:

(1) A_i 与 A_{n+i} 表示同一个点;

(2) 点 A_i 与点 A_{i+r+1} 称为相隔 r 个点的两个点.

在图 11.2 中,我们考察点 A_i 与点 A_{i+r+1} 相隔的点数:从逆时针方向看相隔 r 个点,从顺时针方向看,相隔 $(n+i)-(i+r+1)=n-r-1$ 个点,为方便讨论,我们约定 $0 \leqslant r \leqslant n-r-1$,即 $1 \leqslant r+1 \leqslant \dfrac{n}{2}$,并且把它作为约束条件.

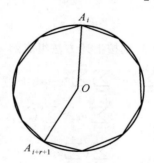

图 11.2

在此条件下,我们给出星形的定义如下:

定义 11.1 对于围成一圈的 n 个点 $A_1,A_2,\cdots,A_n$,从某一点 A_1 开始,顺次联结相隔 $r\left(1 \leqslant r+1 \leqslant \dfrac{n}{2}\right)$ 个点的两个点作成一条线段,若这 n 条线段构成一条或几条闭折线,则称该闭折线为 n 边星形,其中 r 叫作这个星形的生成数(或阶数),记为 $A_r(n)$.若星形 $A_r(n)$ 是由单独一条闭折线组成的,则称它为素星形,若它由几条闭折线组成,则称它为合星形.

定理 11.1 对于围成一圈的 n 个点 $A_1,A_2,\cdots,A_n$,从点 A_1 开始,顺次联结相隔 $r\left(1 \leqslant r+1 \leqslant \dfrac{n}{2}\right)$ 个点的两个点成为边,能生成 n 边素星形的充要条件是 $(n,r+1)=1$.

证明 如图 11.3,设 O 为圈的内点,联结 $OA_1,OA_2,\cdots,OA_n$.设 $\angle A_1OA_2=\alpha_1,\angle A_2OA_3=\alpha_2,\cdots,\angle A_nOA_1=\alpha_n$,则 $\alpha_{n(i-1)+j}=\alpha_j,\sum\limits_{j=1}^{n}\alpha_j=2\pi$.

从点 A_1 起,依次联结每相隔 r 个点的两个点成为边 $A_{(i-1)(r+1)+1}A_{i(r+1)+1}(i=1,2,\cdots,n)$,则该边所对的中心角为

$$\theta_i = \angle A_{(i-1)(r+1)+1} O A_{i(r+1)+1} = \sum_{j=1}^{r+1} \alpha_{(i-1)(r+1)+j}$$

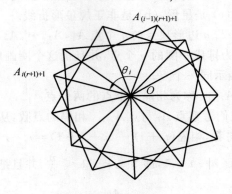

图 11.3

充分性. 若 $(n, r+1) = 1$,则按上述方法组成的 n 条边的中心角之和为

$$\sum_{i=1}^{n} \theta_i = \sum_{i=1}^{n} \sum_{j=1}^{r+1} \alpha_{(i-1)(r+1)+j} = $$
$$\sum_{i=1}^{n(r+1)} \alpha_i = \sum_{i=1}^{r+1} \left(\sum_{j=1}^{n} \alpha_{(i-1)n+j} \right) = $$
$$\sum_{i=1}^{r+1} \left(\sum_{j=1}^{n} \alpha_j \right) = $$
$$\sum_{i=1}^{r+1} (2\pi) = $$
$$(r+1) \cdot 2\pi$$

这说明 n 条边组成一个 n 边素星形.

必要性. 用反证法. 设按上述法则生成了一个 n 边素星形 $A'_1, A'_2, \cdots, A'_n$, 且 $(n, r+1) = d$,即 $\left(\dfrac{n}{d}, \dfrac{r+1}{d} \right) = 1 (1 < d \leqslant \dfrac{n}{2}, d \in \mathbf{N})$.

现在记 $\theta'_i = \angle A'_i O A'_{i+1}$,则 $\theta'_i = \sum_{j=1}^{r+1} \alpha_{(i-1)(r+1)+j}$.

下面计算从 A_1 起的连接 $\dfrac{n}{d}$ 条边所对中心角之和,为

$$\sum_{i=1}^{\frac{n}{d}} \theta'_i = \sum_{i=1}^{\frac{n}{d}} \sum_{j=1}^{r+1} \alpha_{(i-1)(r+1)+j} = $$
$$\sum_{i=1}^{\frac{n(r+1)}{d}} \alpha_i = \sum_{i=1}^{\frac{r+1}{d}} \left(\sum_{j=1}^{n} \alpha_{(i-1)n+j} \right) = $$
$$\sum_{i=1}^{\frac{r+1}{d}} (2\pi) = \dfrac{r+1}{d} \cdot 2\pi$$

这说明从 A_1 开始,每隔 r 个点的两点连成边,可生成一个 $\frac{n}{d}$ 边的星形,这与假设"生成了一个 n 边素星形"矛盾. 故命题得证.

推论 1 素星形 $A_r(n)(n \geqslant 3, n \in \mathbf{N})$ 的生成数 r 的最大值是

$$r_{\max} = \begin{cases} \dfrac{n-3}{2} & (\text{当 } n = 4m \pm 1 \text{ 时}) \\ \dfrac{n-4}{2} & (\text{当 } n = 4m \text{ 时}) \\ \dfrac{n-6}{2} & (\text{当 } n = 4m+2 \text{ 时}) \end{cases}$$

证明 由定理 11.1 知, n 边素星形 $A_r(n)$ 生成的充要条件是

$$\begin{cases} (n, r+1) = 1 \\ 1 \leqslant r+1 \leqslant \dfrac{n}{2} \end{cases}$$

(1) 当 $n = 4m \pm 1$ 时,令 $n = 2k+1(k = 1, 2, 3, \cdots)$,条件组为

$$\begin{cases} (2k+1, r+1) = 1 \\ 1 \leqslant r+1 \leqslant k + \dfrac{1}{2} \end{cases}$$

则满足条件组的 $r+1$ 的最大值是 k,令 $r_{\max} + 1 = k$,就有

$$r_{\max} = k - 1 = \dfrac{n-1}{2} - 1 = \dfrac{n-3}{2}$$

(2) 当 $n = 4m$ 时,条件组即为

$$\begin{cases} (4m, r+1) = 1 \\ 1 \leqslant r+1 \leqslant 2m \end{cases}$$

则满足条件组的 $r+1$ 的最大值是 $r_{\max} + 1 = 2m - 1$,就有

$$r_{\max} = 2m - 2 = \dfrac{n}{2} - 2 = \dfrac{n-4}{2}$$

(3) 当 $n = 4m+2$ 时,条件组即为

$$\begin{cases} (4m+2, r+1) = 1 \\ 1 \leqslant r+1 \leqslant 2m+1 \end{cases}$$

则满足条件组 $r+1$ 的最大值是 $r_{\max} + 1 = 2m - 1$,就有

$$r_{\max} = 2m - 2 = \dfrac{n-2}{2} - 2 = \dfrac{n-6}{2}$$

命题得证.

推论 2 n 边素星形 $A_r(n)$ 的种类数为 $\dfrac{1}{2}\varphi(n)$,即阶数 r 的可能值有 $\dfrac{1}{2}\varphi(n)$ 个,这里 $\varphi(n)$ 是欧拉(Euler) 函数,它表示不大于 n 且与 n 互素的正整

数的个数,且 $\varphi(n) = n\prod_{p|n}(1-\frac{1}{p})$,其中 p 是 n 的不同的素因子.

证明　由定理 11.1 可知,n 边素星形 $A_r(n)$ 存在的充要条件是
$$(n, r+1) = 1 \text{ 且 } 1 \leqslant r+1 \leqslant \frac{n}{2}$$
而 $(n, r+1) = 1 \Leftrightarrow (n, n-r-1) = 1$,即不大于 n,与 n 互素的正整数是呈对称分布的.故所有的 n 边素星形 $A_r(n)$ 的种类数为 $\frac{1}{2}\varphi(n)$,即阶数 r 的可能值有 $\frac{1}{2}\varphi(n)$ 个.命题得证.

例 1　当 $n = 20$ 时,确定所有 n 边素星形 $A_r(n)$,并作出相应的图形.

解　由约束条件 $1 \leqslant r+1 \leqslant 10$ 以及 $(20, r+1) = 1$ 知,$r+1 = 1, 3, 7, 9$,即所求的素星形有如下四种:$A_0(20), A_2(20), A_6(20), A_8(20)$,图形如图 11.4 所示.

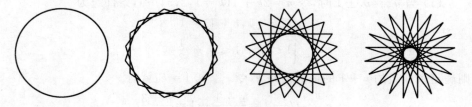

图 11.4

例 2　当 $n = 105$ 时,求素星形 $A_r(n)$ 的种类数,并确定有最大生成数的 $A_r(n)$.

解　由题意,有
$$\varphi(105) = 105(1-\frac{1}{3})(1-\frac{1}{5})(1-\frac{1}{7}) = 48$$
所以 $A_r(105)$ 的种类数是 24,其最大的生成数是 $r_{\max} = \frac{105-1}{2} = 52$,对应的素星形为 $A_{51}(105)$.

§12　素星形与合星形

我们考察两个图形:

由定义 11.1 知,图 12.1(a) 是素星形,它是由一条闭折线组成的;图 12.1(b) 是合星形,它是由两条闭折线(两个素星形)合成的图形.

对于合星形,我们又给出它的构造性的定义:

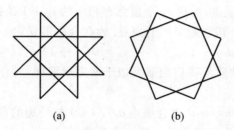

图 12.1

定义 12.1 生成数为 r_0 的 n_0 边素星形的顶点把一圈分成 n_0 条弧段,每条弧段上均有 $d-1$ 个点. 从某弧段上的这 $d-1$ 个点开始,与其余弧段上的相应的点分别生成 $d-1$ 个生成数均为 r_0 的素星形,那么,连同原来的那个素星形算在内,所有这些共 d 个素星形合成的图形,称为由 d 支生成数为 r_0 的素星形合成的 $n_0 d$ 边合星形,记为 $dA_{r_0}(n_0)$,其中,d 叫合星形的支数,r_0 叫合星形的素生成数(即合成合星形的素星形的生成数).

例如,图 12.2 中,生成数为 1 的 5 边素星形 $A_1A_2A_3A_4A_5$ 把一圈分成 5 条弧段,每条弧段上有 2 个点:$B_1, C_1; B_2, C_2; B_3, C_3; B_4, C_4; B_5, C_5$. 从弧段 A_1A_4 上的两点开始,与其余弧段上的相应点分别生成 2 个生成数为 1 的 5 边素星形 $B_1B_2B_3B_4B_5$ 和 $C_1C_2C_3C_4C_5$,那么,所有这些共 3 个素星形合成的图形,称为由 3 支生成数为 1 的素星形合成的 15 边合星形,记为 $3A_1(5)$,其中 3 叫合星形的支数,1 叫合星形的素生成数.

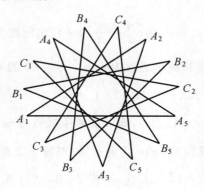

图 12.2

下面给出合星形的几个性质.

定理 12.1 合星形的每一条边两端点之间的相隔的点的个数是相等的.

证明 在合星形 $dA_{r_0}(n_0)$ 中,每支素星形的顶点把一圈分成的 n_0 条弧段上均有 $d-1$ 个其余素星形的顶点.

我们考察某素星形的任一边 A_iA_{i+1},由生成数为 r_0 知,点 A_i 与点 A_{i+1} 之间

相隔 r_0 个该星形的顶点,而这 r_0 个顶点有相应的 r_0+1 条弧段,这些弧段上共有 $(d-1)(r_0+1)$ 个其余素星形的顶点. 故在合星形 $dA_{r_0}(n_0)$ 中,边 A_iA_{i+1} 的两个端点之间相隔 $(d-1)(r_0+1)+r_0=d(r_0+1)-1$(常数) 个点.

合星形的这一性质使我们能够类似于素星形那样,对合星形再给出一个定义:

定义 12.2 设 $n=n_0d$ 边合星形 $dA_{r_0}(n_0)$ 的一边的两端点之间相隔 r 个点,则称这个合星形为生成数是 r 的 n 边合星形,记为 $A_r(n)$.

因此就有 $A_r(n)=dA_{r_0}(n_0)$,其中,$n=n_0d$,$r=d(r_0+1)-1$,r 是合星形 $dA_{r_0}(n_0)$ 的生成数,r_0 是合星形 $dA_{r_0}(n_0)$ 的素生成数.

这样,我们就把合星形与素星形统称为星形.

下面给出生成星形(素星形和合星形)的充要条件,即对定理 12.1 加以拓广.

定理 12.2 生成数为 r 的 n 边合星形由 d 支素生成数为 $r_0=\dfrac{r+1}{d}-1$ 的 $m=\dfrac{n}{d}$ 边素星形生成的充要条件是 $(n,r+1)=d$,这里 $1\leqslant d\leqslant r+1\leqslant \dfrac{n}{2}$.

证明 当 $d=1$ 时,就是生成数为 r 的 n 边素星形的情形,即定理 11.1.

以下证明当 $1<d\leqslant r+1\leqslant \dfrac{n}{2}$ 时,$(n,r+1)=d \Leftrightarrow A_r(n)=dA_{r_0}(m)$,这里 $m=\dfrac{n}{d}$,$r_0=\dfrac{r+1}{n}-1$.

充分性. 若 $(n,r+1)=d$,则 $\left(\dfrac{n}{d},\dfrac{r+1}{d}\right)=1$. 由定理 11.1 知,从排成一圈的 n 个点的某一点出发,可构成生成数为 $r_0=\dfrac{r+1}{d}-1$ 的 $m=\dfrac{n}{d}$ 边素星形,而这样的素星形有 d 个,故 $A_r(n)=dA_{r_0}(m)$.

必要性. 若 $A_r(n)=dA_{r_0}(m)$,即 d 支素生成数为 $r_0=\dfrac{r+1}{d}-1$ 的 $m=\dfrac{n}{d}$ 边素星形合成一个生成数为 r 的 n 边合星形. 对每一支素星形,由定理 11.1 知,$\left(\dfrac{n}{d},\dfrac{r+1}{d}\right)=1$,故 $(n,r+1)=d$. 这时,若 $d=1$,则与 $A_r(n)$ 是合星形矛盾. 故 $1<d\leqslant r+1\leqslant \dfrac{n}{2}$. 证毕.

我们把以下公式称为合星形的结构公式. 用这个公式可以对合星形进行结构分析

$$A_r(n)=dA_{\frac{r+1}{d}-1}\left(\dfrac{n}{d}\right) \quad 1<d\leqslant r+1\leqslant \dfrac{n}{2}$$

例 对下面的合星形进行结构分析,并指出其几何意义.

(1) $A_{53}(144)$;

(2) $12A_4(48)$.

解 (1) 因为 $r=53, n=144, (n, r+1)=(144,54)=18=d$, 所以
$$\left(\frac{n}{d}, \frac{r+1}{d}\right)=(8,3)=1$$

由结构公式知 $A_{53}(144)=18A_2(8)$.

它表明生成数为 53 的 144 边合星形是由 18 支生成数为 2 的 8 边素星形(即 $18A_2(8)$) 合成的.

(2) 由结构公式和已知条件得
$$d=12, m=\frac{n}{d}=48, r_0=\frac{r+1}{d}-1=4$$

解得
$$n=576, r=59$$

所以
$$12A_4(48)=A_{59}(576)$$

它表明 12 支生成数为 4 的 48 边素星形 $12A_4(48)$ 合成一个生成数为 59 的 576 边合星形 $A_{59}(576)$.

顺便指出,《数学通报》1993 年第 8 期刊有江苏蒋建华的文章《一笔画星形及其各星角和揭秘》,其中提出的所谓"一笔画星形构成定理"是错误的. 这个定理是:"对于平面上任一个凸 n 点组 $(n\in \mathbf{N}, n\geqslant 5), k\in\left\{1,2,\cdots,\left[\frac{n-2}{2}\right]\right\}$, 从某一点起,顺次间隔 k 个点联结,当且仅当 $(k+1,n)=1$ 时,能构成一笔画 k 阶 n 角星形."

我们仅举一个反例足以证明其错:按此定理,当 $n=144$ 时,由于 $\left[\frac{n-2}{2}\right]=\left[\frac{144-2}{2}\right]=71$, 可见当 $k\in\{1,2,\cdots,71\}$ 时,均能构成一笔画 k 阶 144 角星形 (共 71 种一笔画星形). 实际上,当 $k=53$ 时,一笔画星形(即素星形)的种类数是 $\frac{1}{2}\varphi(n)=\frac{1}{2}\varphi(144)=\frac{1}{2}\times 144(1-\frac{1}{2})(1-\frac{1}{3})=24$ 种(见定理 11.1 的推论 2). 另外,由本节例(1)可知 $A_{53}(144)=18A_2(8)$, 这是一个阶数为 53 的 144 边(角)的合星形,它由 18 支素(一笔画)星形所组成,每个素星形都是阶数为 2 的 8 边星形.

§13 星形的基本性质

素星形与合星形统称为星形,记为 $A_r(n)$. 在 §11 和 §12 里,我们研究了星形的生成. 那么,星形有哪些统一的性质呢?

定理 13.1 星形 $A_r(n)$ 的每个顶角内含的顶点数是相等的. 这个数是 $e = n - 2r - 3$.

证明 星形 $A_r(n)$(素的或合的)都是由单折边组成的. 每个顶角的"开口"方向是朝内的(即指向中心),故每个顶角含有该星形的其他顶点.

考察素星形 $A_r(n)$ 的顶角 $\angle A_{i-1}A_iA_{i+1}$,点 A_{i-1} 与 A_i 之间相隔 r 个顶点,点 A_i 与 A_{i+1} 之间又相隔异于前面的 r 个顶点,再把点 A_{i-1}, A_i, A_{i+1} 这三点除外,所以 $\angle A_{i-1}A_iA_{i+1}$ 含的顶点数为 $e = n - 2r - 3$.

考察合星形 $A_r(n)$ 的顶角 $\angle A_{i-1}A_iA_{i+1}$. 设 $A_r(n) = dA_{r_0}(n_0)$(这里 $n = n_0 d, r = d(r_0 + 1) - 1$),由定理 11.1 知,点 A_{i-1} 与 A_i 之间相隔 $d(r_0 + 1) - 1$ 个顶点,点 A_i 与 A_{i+1} 之间又相隔异于前面的 $d(r_0 + 1) - 1$ 个顶点,再把 A_{i-1}, A_i, A_{i+1} 这三个点除外,所以 $\angle A_{i-1}A_iA_{i+1}$ 内含的顶点数是 $e = n - 2[d(r_0 + 1) - 1] - 3 = n - 2r - 3$. 定理得证.

定理 13.2 n 边星形 $A_r(n)$ 的种类数是 $\left[\dfrac{n-1}{2}\right]$($[x]$ 是取整函数,它表示不大于 x 的最大整数).

证明 由于生成 n 边星形 $A_r(n)$ 的充要条件是 $(n, r+1) = d$,且 $1 \leqslant d \leqslant r+1 \leqslant \dfrac{n}{2}$,所以 $r+1 = 1, 2, 3, \cdots, \left[\dfrac{n-1}{2}\right]$ 是满足上述条件的一切情形,故 n 边星形 $A_r(n)$ 有 $\left[\dfrac{n-1}{2}\right]$ 种.

注:定理 13.2 所述的星形都是非退化且互不重复的. 所谓退化的是指如下的"怪"星形. 例如当 $n = 4$ 时,"怪"星形如图 13.1 所示,它是两条相交的线段.

图 13.1

定理 13.3 n 边合星形的种类数是 $\left[\dfrac{n-1}{2}\right] - \dfrac{1}{2}\varphi(n)$,其中 $\varphi(n)$ 是欧拉函

数,它表示不大于 n 且与 n 互素的正整数的个数.

证明 因为 n 边星形的种类数是 $\left[\dfrac{n-1}{2}\right]$,而其中素星形的种类数是 $\dfrac{1}{2}\varphi(n)$(定理 11.1 的推论 2),所以 n 边合星形的种类数是 $\left[\dfrac{n-1}{2}\right]-\dfrac{1}{2}\varphi(n)$.

定理 13.4 n 边星形 $A_r(n)$ 的自交数至多是 nr.

证明 在生成数为 r 的 n 边星形中,任意一条边 A_iA_{i+1} 的两侧分别有 r,$n-r-2$ 个顶点,且 $r<n-r-2$(否则与 $1\leqslant r+1\leqslant \dfrac{n}{2}$ 矛盾),于是,我们考虑有 r 个顶点的这一侧,这 r 个顶点分为两类:

一类是边 A_iA_{i+1} 与所在素星形的交点,计有 $r_0=\dfrac{r+1}{d}-1$ 个. 这 r_0 个顶点的序号与 A_i 的序号数不相邻且互不相等,并且从每个顶点出发均引出两条边与该边 A_iA_{i+1} 交于两点;

另一类是与其余素星形的交点,计有 $(d-1)(r_0+1)$ 个. 由合星形的定义知,从每个顶点出发均引出两条边与该边 A_iA_{i+1} 交于两点.

综合以上两种情况,那么边 A_iA_{i+1} 上至多有
$$2[r_0+(d-1)(r_0+1)]=2[d(r_0+1)-1]=2r$$
个交点,所有的边上至多共有 $2nr$ 个交点,但每个交点被重复计算了一次.

故 n 边星形 $A_r(n)$ 至多共有 nr 个自交点.

例 1 指出 $n=10$ 时素星形、合星形的种类数,并作图说明.

解 当 $n=10$ 时,10 边星形的种类数是 $\left[\dfrac{10-1}{2}\right]=4$,其中素星形有 $\dfrac{1}{2}\varphi(10)=2$ 种,它们是 $A_0(10)$,$A_2(10)$;合星形有 $\left[\dfrac{10-1}{2}\right]-\dfrac{1}{2}\varphi(10)=2$ 种,它们是 $A_1(10)=2A_0(5)$,$A_3(10)=2A_1(5)$,如图 13.2 所示.

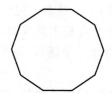
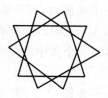
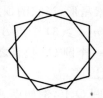

图 13.2

我们在 §10 探讨了五边星形的顶角和问题. 五边星形当然是素星形.

我们知道(定理 11.1),对于围成一圈的 $n(n\geqslant 3)$ 个点 A_1,A_2,$\cdots$,A_n,从点 A_1 开始,顺次联结相隔 k ($1\leqslant k+1\leqslant \dfrac{n}{2}$)个点的两个点成为边,当且仅当

$(n,k+1)=1$ 时,生成的星形叫作 k 阶 n 边素星形. 现在要问:任意 k 阶 n 边素星形的顶角和是多少呢?

定理 13.5 顶点共圆的 k 阶 n 边素星形的顶角和为
$$\sigma_k(n)=(n-2k-2)\cdot 180°$$

证明 由定理 13.1 知,k 阶 n 边素星形 $A_k(n)$ 的每个顶角内含的顶点数是相等的,这个数是 $e=n-2k-3$. 对于某星角 A_i 来说,所含的 $n-2k-3$ 个点把所对的弧分成了 $n-2k-2$ 段,如图 13.3 所示. 因此
$$\angle A_i \stackrel{m}{=} \frac{1}{2}\overset{\frown}{A_{i+k+1}A_{n+i-k}} \stackrel{m}{=}$$
$$\frac{1}{2}(\overset{\frown}{A_{i+k+1}A_{i+k+2}}+\overset{\frown}{A_{i+k+2}A_{i+k+3}}+\cdots+\overset{\frown}{A_{n+i-k-1}A_{n+i-k}})$$

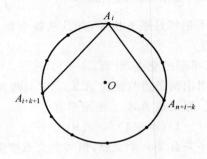

图 13.3

现在对所有的 $\angle A_i$ 求和,我们发现在这一过程中,n 段弧中的每一段弧都出现了 $n-2k-2$ 次,于是有
$$\sigma(n)=\sum_{i=1}^{n}\angle A_i=\frac{1}{2}(n-2k-2)(\overset{\frown}{A_1A_2}+\overset{\frown}{A_2A_3}+\cdots+\overset{\frown}{A_nA_1})\stackrel{m}{=}$$
$$\frac{1}{2}(n-2k-2)\cdot 360°=(n-2k-2)\cdot 180°$$

任意的 k 阶 n 边素星形,当它的顶点不共圆时,其顶角和 $\sigma_k(n)$ 是多少呢?

对于围成一圈的 $n(n\geqslant 3)$ 个点 $A_1,A_2,\cdots,A_n$,至少有 3 个点是不共线的,那么过这 3 个点就有一个圆 O. 换言之,过 n 个点中的 3 个点作一个圆 O,至多有 $n-3$ 个不在圆 O 上.

若恰有一点不在圆 O 上,例如点 A_1 不在圆 O 上,当它在圆 O 的外部时,如图 13.4.

设 $A_{n-k}A_1$ 与圆 O 交于点 A_1',联结 $A_1'A_{k+2}$,则对于内接于圆 O 的星形 $A_1'A_2\cdots A_n$ 来说,所有星角的和
$$\sigma_k'(n)=\angle A_{n-k}A_1'A_{k+2}+\angle A_1'A_{k+2}A_{2k+3}+\sum_{\substack{i=2\text{且}\\i\neq k+2}}^{n}\angle A_i=$$

第 2 章 星形大观

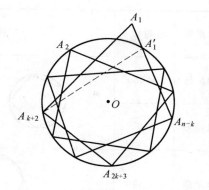

图 13.4

$(n-2k-2) \cdot 180°$

在星形 $A_1 A_2 \cdots A_n$ 中，星角

$$\angle A_{k+2} = \angle A_1 A_{k+2} A_{2k+3} = \angle A_1 A_{k+2} A'_1 + \angle A'_1 A_{k+2} A_{2k+3}$$

注意到

$$\angle A_{n-k} A'_1 A_{k+2} = \angle A_1 + \angle A_1 A_{k+2} A'_1 \text{（外角定理）}$$

所以

$$\sigma_k(n) = \sum_{i=1}^n \angle A_i = \angle A_1 + \sum_{i=2}^n \angle A_i = \angle A_1 + \sum_{i=2}^n \angle A_i =$$

$$\angle A_1 + \angle A_{k+2} + \sum_{\substack{i=2 \text{ 且} \\ i \neq k+2}}^n \angle A_i =$$

$$\angle A_1 + \angle A_1 A_{k+2} A'_1 + \angle A'_1 A_{k+2} A_{2k+3} + \sum_{\substack{i=2 \text{ 且} \\ i \neq k+2}}^n \angle A_i =$$

$$\angle A_{n-k} A'_1 A_{k+2} + \angle A'_1 A_{k+2} A_{2k+3} + \sum_{\substack{i=2 \text{ 且} \\ i \neq k+2}}^n \angle A_i =$$

$$\sigma'_k(n) = (n-2k-2) \cdot 180°$$

当点 A_1 在圆 O 内部时，延长 $A_{n-k} A_1$ 与圆 O 交于点 A'_1，联结 $A'_1 A_{k+2}$，类似可证 $\sigma(n) = (n-2k-2) \cdot 180°$ 成立．因此对于有且仅有一个点不在圆上时的情形得证．

若不在圆 O 上的点多于一个，则反复使用上述做法，均能使之化归为所有顶点共圆的情形，且星角之和没有改变．从而定理获证．

例 2 指出 $n=5,6,7,8$ 时，分别有多少个素星形及其各星角之和，并画图．

解 由定理 11.1 的推论 2 和定理 13.3，可知：

n	星形种类数 $\frac{1}{2}\varphi(n)$	k 阶 n 边星形	星角和 σ	图示
5	2	0 阶 5 边星形	$2\times 180°$	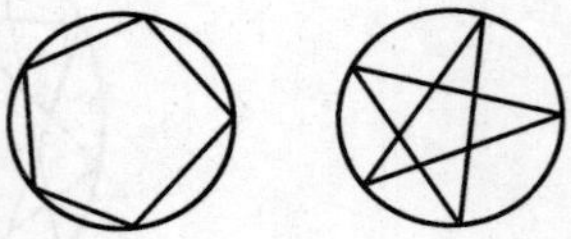
		1 阶 5 边星形	$180°$	
6	1	0 阶 6 边星形	$4\times 180°$	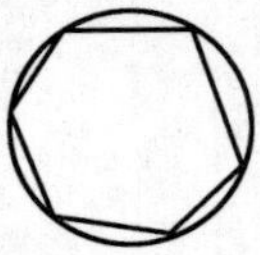
7	3	0 阶 7 边星形	$5\times 180°$	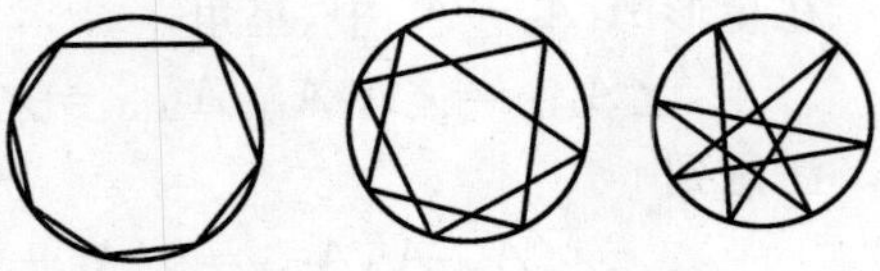
		1 阶 7 边星形	$4\times 180°$	
		2 阶 7 边星形	$180°$	
8	2	0 阶 8 边星形	$6\times 180°$	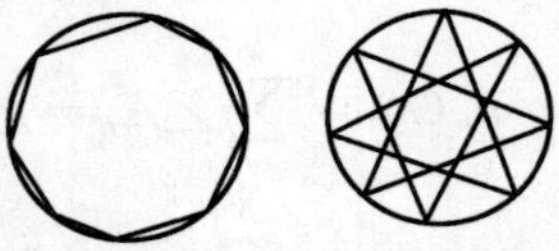
		2 阶 8 边星形	$2\times 180°$	

例 3 求证：当 n 为质数时，所有的 n 边素星形 $A_k(n)$ 的顶角和 $\sigma_k(n)$ 按阶数 k 为序成等差数列，并以 $n=13$ 为例.

证明 n 边素星形 $A_k(n)$ 的阶数 $k+1=1,2,\cdots,\frac{1}{2}\varphi(n)$，其中 $\varphi(n)$ 是欧拉函数，且当 n 为质数时，$\varphi(n)=n-1$，因此 $k=0,1,2,\cdots,\frac{n-3}{2}$，它们对应的 n 边素星形的顶角和 $\sigma_k(n)$ 组成一个等差数列 $\{\sigma_k(n)\}$，且

$$\sigma_k(n)=(n-2k-2)\cdot 180° \quad \left(k=0,1,2,\cdots,\frac{n-3}{2}\right)$$

其中公差为

$$\sigma_{k+1}(n)-\sigma_k(n)=[n-2(k+1)-2]\cdot 180°-(n-2k-2)\cdot 180°=-360°$$

证毕.

当 $n=13$ 时，$k=0,1,2,3,4,5$.

$\sigma_0(13)=11\times 180°$；
$\sigma_1(13)=9\times 180°$；
$\sigma_2(13)=7\times 180°$；
$\sigma_3(13)=5\times 180°$；

$\sigma_4(13) = 3 \times 180°$；
$\sigma_5(13) = 1 \times 180°$.

§14　正星形自交点构成的子星形序列

在 §5 中,我们给出了正五角星如下的基本性质:正五角星的自交点是一个正五边形的顶点.

一般地,对于 n 边正星形有没有类似的性质呢？这一节我们研究这一有趣的问题.

我们知道,联结圆上 n 个等分点中每相隔 r（r 是常数,且为非负整数, $1 \leqslant r+1 \leqslant \frac{n}{2}$）个点的两点成为边,就得到 n 边正星形,记之为 $A_r(n)$,其中 r 叫生成数（阶数）,图 14.1(a) 中,正星形 $A_4(12)$ 由独支组成,是素星形；图 14.1(b) 中,正星形 $A_3(12)$ 由 4 支组成,是合星形.

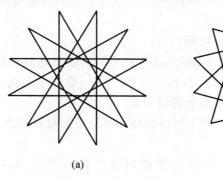

(a)　　　　　　(b)

图 14.1

我们考察正星形 $A_4(12)$.

如图 14.2,在生成数为 4 的 12 边正星形 $A_1 A_6 A_{11} A_4 A_9 A_2 A_7 A_{12} A_5 A_{10} A_3 A_8$ 中,它有 48 个自交点. 很明显,这些自交点位于 4 层之中:最外面一层的 12 个顶点构成了生成数为 3 的正星形 $B_1 B_6 B_{11} B_4 B_9 B_2 B_7 B_{12} B_5 B_{10} B_3 B_8$,再往内看,第 2,3,4 层上的交点又分别构成生成数为 2,1,0 的正星形.

一般地,正星形是否具有这样的性质:从外到内的各层自交点分别构成生成数逐次减 1 直至为 0 的子星形序列？正星形及其子星形的边长之间有什么关系？

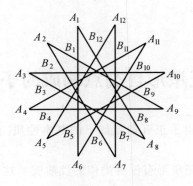

图 14.2

引理 14.1　正星形 $A_r(n)$ 的自交数为 nr.

证明　由于圆内两条相等且相交的弦是关于过交点的直径对称的,而正星形的边长小于直径,所以不可能有三边共点. 又因为正星形 $A_r(n)$ 每边所对劣弧上的 r 个顶点,而且每个顶点引出的两边均与该边相交于两点,所以每边上有 $2r$ 个自交点,n 条边上有 $2nr$ 个自交点,但每个自交点均被重复计算一次. 因此正星形 $A_r(n)$ 的自交数为 nr.

关于自交点的"层"数,有这样的约定：

设线段上除端点外有 $2r$ 个点,现把这些点中与两端点相隔相同点数的两点列为一组,并且从外到内称为第 $1,2,\cdots,r$ 组. 于是,我们把正星形各条边上第 i 组上所有的自交点称为第 i 层上的自交点.

引理 14.2　正星形 $A_r(n)$ 第 1 层的自交点都是圆上相邻两顶点引出的边的交点.

证明　将正星形 $A_r(n)$ 的顶点依逆时针方向标号为 $A_1,A_2,\cdots,A_n,A_{n+1},\cdots$,并规定 A_{n+i} 与 A_i 表示同一个点,设相邻两顶点 A_1,A_{n+2} 引出的边 A_1A_{r+2} 与边 $A_{n-r+1}A_{n+2}$ 相交于点 B. 现证明点 B 必在第 1 层上.

用反证法. 假设点 B 不在第 1 层上,则不妨设在线段 A_1B 上有一点 B_1,而点 B_1 是第三边 A_jA_{j+r+1}(指异于 A_1A_{r+2} 和 $A_{n+2}A_{n-r+1}$)与边 A_1A_{r+2} 的交点. 如果第三边 A_jA_{j+r+1} 与边 $A_{n+2}A_{n-r+1}$ 在圆内不相交(图14.3(a)),则该边两端点必在劣弧 $A_{n+2}A_{n-r+1}$ 上. 这说明劣弧 $A_{n-r+1}A_{n+2}$ 上至少有 $[(j+r+1-j)-1]+2=r+2$ 个点,这与标号为 $A_{n-r+1}A_{n+2}$ 的规定,即劣弧上有且仅有 $(n+2-n+r-1)-1=r$ 个点相矛盾. 所以第三边 A_jA_{j+r+1} 必与边 $A_{n+2}A_{n-r+1}$ 相交,这时设交点为 B_2,如果点 B_2 在线段 $A_{n-r+1}B$ 上,则该边的一个端点必在劣弧 A_1A_{n+2} 上(图 14.3 (b)),这与 A_1,A_{n+2} 是相邻的两点矛盾. 所以点 B_2 必在线段 $A_{n+2}B$ 上.

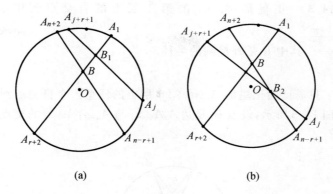

图 14.3

下面分两种情况:

(1) 当第三边 A_jA_{j+r+1} 与 A_1B, $A_{n+2}B$ 交于点 B_1, B_2 时,过正星形的中心 O 作 $OH_1 \perp A_1A_{r+2}$,垂足为 H_1,又作 $OH_0 \perp A_jA_{j+r+1}$,垂足为 H_0,联结 H_1H_0(图 14.4(a)),由于 $A_1A_{r+2} = A_jA_{j+r+1}$,所以 $OH_1 = OH_0$.即 $\triangle OH_1H_0$ 为等腰三角形,而点 O 与 H_0 分别在 A_1A_{r+2} 异侧,因此 $\angle OH_1H_0$ 为钝角,同时 $\angle OH_0H_1$ 亦为钝角,这就与三角形的内角和为 $180°$ 矛盾.

(2) 当第三边 $A_{n+j+r+1}A_{n+j}$ 与 A_1B, $A_{n+2}B$ 交于点 B_1, B_2 时,仿(1)同样得出矛盾(图 14.4(b)).

以上说明从顶点 A_1, A_{n+2} 引出的边的交点 B 是第 1 层上的自交点,而这样的自交点有 n 个.故所有的第 1 层上的自交点都是相邻两顶点引出的边的交点.

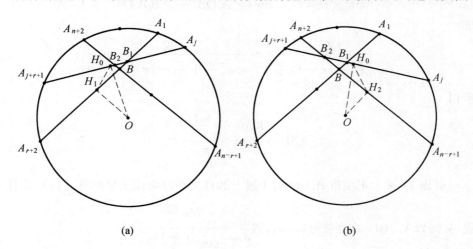

图 14.4

引理 14.3 正星形 $A_r(n)$ 的第 1 层上的自交点到中心的距离是 $\dfrac{R\cos\dfrac{(r+1)\pi}{n}}{\cos\dfrac{r\pi}{n}}$，其中 R 是外接圆的半径.

证明 只需证明正星形 $A_r(n)$ 第 1 层上的任意一个自交点到中心的距离为常数，如图 14.5 所示，设点 B_i 是边 A_iA_{i+r+1} 与 $A_{n+i+1}A_{n+i-r}$ 的交点，联结 OA_i，OA_{n+i+1}，OB_i.

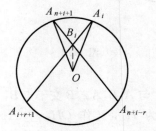

图 14.5

由对称性可知 $A_iB_i = A_{n+i+1}B_i$，且 $\angle A_iOB_i = \angle A_{n+i+1}OB_i$. 现已知 $\angle A_iOB_i = \dfrac{\pi}{n}$，$\angle B_iA_iO = \dfrac{\pi}{2} - (r+1)\dfrac{\pi}{n}$（易证，从略）.

在 $\triangle A_iOB_i$ 中用正弦定理，得

$$\frac{OB_i}{\sin \angle B_iA_iO} = \frac{OA_i}{\sin(\angle A_iOB_i + \angle B_iA_iO)}$$

即

$$\frac{OB_i}{\sin\left[\dfrac{\pi}{2} - (r+1)\dfrac{\pi}{2}\right]} = \frac{R}{\sin\left[\dfrac{\pi}{n} + \dfrac{\pi}{2} - (r+1)\dfrac{\pi}{n}\right]}$$

所以

$$OB_i = \frac{R\cos\dfrac{(r+1)\pi}{n}}{\cos\dfrac{r\pi}{n}}$$

引理 14.4 正星形 $A_r(n)$ 第 1 层上的自交点可构成正星形 $A_{r-1}(n)$，并且设 $A_r(n)$，$A_{r-1}(n)$ 的边长为 a_0，a_1，则 $\dfrac{a_1}{a_0} = \dfrac{\tan\dfrac{r\pi}{n}}{\tan\dfrac{(r+1)\pi}{n}}$.

证明 首先，设点 B_i，B_{i+1} 是由顶点 A_{i+1} 引出的两条边上第 1 层上的自交点（图 14.6），由引理 3 知，$OB_i = OB_{i+1}$，且 $A_{i+1}B_i = A_{i+1}B_{i+1}$，联结 OA_{i+1}，则

OA_{i+1} 平分 $\angle B_iOB_{i+1}$. 由此可知

$$\angle B_iOB_{i+1} = 2\angle B_iOA_{i+1} = \frac{2\pi}{n}$$

所以,第 1 层上 n 个自交点 $B_1, B_2, \cdots, B_n$ 均匀地分布在以点 O 为圆心的一个圆上.

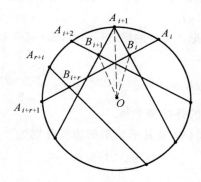

图 14.6

其次,由对称性可知,正星形 $A_r(n)$ 任意一条边上第 1 层上的两个自交点到各自就近的端点等距,且距离为定值.

以上的叙述说明:正星形 $A_r(n)$ 第 1 层上的 n 个自交点可构成 n 边正星形. 至于其生成数可以这样确定:

因为边 A_iA_{i+r+1} 所对劣弧上有 r 个顶点,这 r 个顶点所引出的边产生第 1 层上自交点计有 $r+1$ 个,而其中有两个自交点在边 A_iA_{i+r+1} 上. 所以在边 A_iA_{i+r+1} 上的两个自交点之间就相隔 $r-1$ 个第 1 层上的自交点(在相应的圆上),即生成数为 $r-1$. 从而说明第 1 层上的自交点 $B_1, B_2, \cdots, B_n$ 可构成正星形 $A_{r-1}(n)$.

最后,计算 $A_r(n)$ 与 $A_{r-1}(n)$ 的边长之间的比.

注意到正星形 $A_r(n)$ 的边长 $a_0 = 2R\sin\frac{(r+1)\pi}{n}$.

因为

$$a_1 = a_0 - 2A_{i+1}B_{i+1} = 2R\sin\frac{(r+1)\pi}{n} - 2R\frac{\sin\frac{\pi}{n}}{\cos\frac{r\pi}{n}} =$$

$$2R\cos\frac{(r+1)\pi}{n} \cdot \tan\frac{r\pi}{n}$$

所以

$$\frac{a_1}{a_0} = \frac{2R\cos\frac{(r+1)\pi}{n} \cdot \tan\frac{r\pi}{n}}{2R\sin\frac{(r+1)\pi}{n}} = \frac{\tan\frac{r\pi}{n}}{\tan\frac{(r+1)\pi}{n}}$$

定理 14.1 正星形 $A_r(n)$ 的第 1 层、第 2 层、……、第 r 层上的自交点分别构成正星形 $A_{r-1}(n), A_{r-2}(n), \cdots, A_0(n)$.

证明 由引理 13.4 知，正星形 $A_r(n)$ 第 1 层上自交点构成正星形 $A_{r-1}(n)$，对于正星形 $A_{r-1}(n)$，其第 1 层上自交点构成正星形 $A_{r-2}(n)$，依此递推，正星形 $A_r(n)$ 的第 1 层、第 2 层、……、第 r 层上的自交点分别构成正星形 $A_{r-1}(n), A_{r-2}(n), \cdots, A_0(n)$.

定理 14.2 设正星形 $A_r(n)$ 的第 $i(i=0,1,2,\cdots,r)$ 层子星形的边长为 a_i，则

$$a_i = 2R\tan\frac{(r-i+1)\pi}{n} \cdot \cos\frac{(r+1)\pi}{n}$$

其中 R 是正星形 $A_r(n)$ 的外接圆半径.

证明 设正星形 $A_r(n)$ 及其子星形的边长分别为

$$a_0, a_1, a_2, \cdots, a_i, \cdots, a_r$$

由引理 14.4 得

$$\frac{a_1}{a_0} = \frac{\tan\frac{r\pi}{n}}{\tan\frac{(r+1)\pi}{n}}$$

$$\frac{a_2}{a_1} = \frac{\tan\frac{(r-1)\pi}{n}}{\tan\frac{r\pi}{n}}$$

$$\frac{a_3}{a_2} = \frac{\tan\frac{(r-2)\pi}{n}}{\tan\frac{(r-1)\pi}{n}}$$

$$\vdots$$

$$\frac{a_i}{a_{i-1}} = \frac{\tan\frac{(r-i+1)\pi}{n}}{\tan\frac{(r-i+2)\pi}{n}}$$

将上面 i 个等式相乘得

$$a_i = a_0 \cdot \frac{\tan\frac{(r-i+1)\pi}{n}}{\tan\frac{(r+1)\pi}{n}} =$$

$$2R\sin\frac{(r+1)\pi}{n} \cdot \frac{\tan\frac{(r-i+1)\pi}{n}}{\tan\frac{(r+1)\pi}{n}} =$$

$$2R\tan\frac{(r-i+1)\pi}{n}\cdot\cos\frac{(r+1)\pi}{n}$$

推论 正星形 $A_r(n)$ 最内层(第 r 层)子星形是正 n 边形,其边长为

$$a_r=2R\tan\frac{\pi}{n}\cdot\cos\frac{(r+1)\pi}{n}$$

例 1 正五角星 $A_1(5)$ 的外接圆半径为 R,求它的子星形(正五边形)的边长.

解 因为

$$n=5, r=i=1$$

所以它的子星形(正五边形)的边长

$$a_1=2R\tan\frac{\pi}{5}\cdot\cos\frac{2\pi}{5}$$

例 2 生成数为 26 的 81 边正星形 $A_{26}(81)$ 内接于半径为 R 的圆,求其第 9 层子星形的边长.

解 因为

$$n=81, r=26, i=9$$

所以

$$a_9=2R\tan\frac{(26-9+1)\pi}{81}\cdot\cos\frac{(26+1)\pi}{81}=R\tan\frac{2\pi}{9}$$

§15 美国八年级教材里关于星形的一个问题

特级教师郑用珂在大罕(王方汉)主持的微信群"揽数习文群"提了一个问题:

问题 如图 15.1,在 $R=2$ cm 的圆周上绘制 11 个点的星状图,星边长为 1.5 cm,求证:$\angle A$ 不大于 $45°$(不能用三角函数证,只能用平面几何知识).

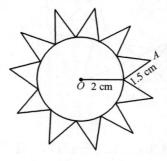

图 15.1

笔者质疑：什么叫星状图？为什么只能用平面几何知识？

郑老师回复道：就是我画的那个图形．每个角的边都是 1.5 cm．因学生还只学到圆和正多边形，没学三角．

原来此题来自于美国八年级的教材．以下是原题：

SPACE SHUTTLE To maximize thrust on a NASA space shuttle, engineers drill an 11-point star out of the solid fuel that fills each booster. They begin by drilling a hole with radius 2 feet, and they would like each side of the star to be 1.5 feet. Is this possible if the fuel cannot have angles greater than 45° at its points?

大意是：

为了使 NASA 航天飞机的推力最大化，工程师们从装满助推器的固体燃料中钻出一颗 11 边的星形．他们首先钻一个半径为 2 ft(1 ft＝0.304 8 m)的洞，他们喜欢的星形的边长是每边为 1.5 ft，如果两边夹的角度不能超过 45°，这可能吗？

解答 严格来说，所谓"星状图"是没有定义的．目前我们只能感性地通过看图解题．把"星状图"复原成"正星形"．可知这个正星形有 11 个相等的顶角，每个顶角所对的圆弧有 3 段，如图 15.1，那么 $\angle A = 540°/11 > 540°/12 = 45°$，即 $\angle A > 45°$，所以这个角度不超过 45° 是不可能的．

评论 以上解答很简捷、很清晰，八年级学生完全可以理解和接受，可是没用条件："内接圆半径为 2 cm，每条边的长为 1.5 cm"，这就奇怪了！如果用这个条件，会是怎样的结果呢，请看图 15.2．

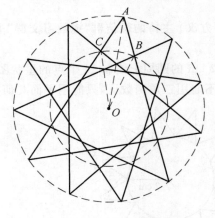 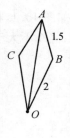

图 15.2

如图 15.2，在 $\triangle OAB$ 中，$\angle AOB = \pi/11$，又设 $\angle OAB = \theta$，由正弦定理，有 $2/\sin\theta = 1.5/\sin(\pi/11)$，于是 $\sin\theta = (4/3)\sin(\pi/11)$，因此用计算器可得

$$\theta = \arcsin\left[\left(\frac{4}{3}\right)\sin\left(\frac{\pi}{11}\right)\right] = \arcsin 0.375\ 643\ 409\ 121\ 91 = 22.064\ 085\ 025\ 4°$$

所以
$$\angle A = 2\theta = 44.128\ 170\ 050\ 8° < 45°$$

这就更奇怪了，结果与前面的正好相反！

两种解法，第一种把图形默认成"正规星形"，如果正确，那么所得结果应该无误。第二种解法违背了"不能用三角函数证"，用传统的三角方法所得的结果肯定无误，但却是八年级学生所不能理解和接受的。

问题中把图形默认成"正规星形"！

由 §10 和 §11 可知，当 $n=11$ 时，满足 $(11, r1)=1$ 且 $1 \leqslant r1 \leqslant 11/2$ 的非负整数 r 的值即生成数 $r=0,1,2,3,4$。它们生成的星形如图 15.3 所示，有 5 类星形。

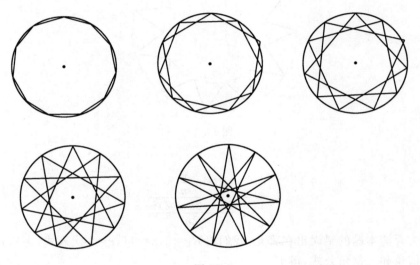

图 15.3

通过比对，本题的生成数 $r=3$，即每隔 3 个点联结起来组成的星形。并且，正星形的自交点分为若干层，如图 15.4，每一层上的自交点可以构成与原正星形相似的正星形（参考文献[1]）。每一层的正星形的外接圆称为该层的圆。正星形的顶点与落在某层圆上的自交点构成的多边形叫作星形多边形（图 15.5）。

在生成数为 3 的 11 边正星形中，第 1 层组成正 22 边星形多边形 L，原星形所在圆的半径为 R，第 1 层的圆的半径为 R_1，L 的边长为 a，那么有

$$\frac{a}{\sin\frac{\pi}{n}} = \frac{R_1}{\sin\frac{(n-2r-2)\pi}{2n}}$$

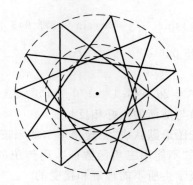

图 15.4

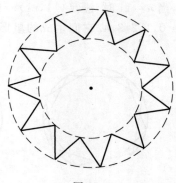

图 15.5

因此

$$a = \frac{R_1 \sin \dfrac{\pi}{n}}{\sin \dfrac{(n-2r-2)\pi}{2n}} \quad (*)$$

为弄清本题的错误出在哪儿,我们将 $R_1=2, n=11, r=3$ 代入式 $(*)$,并利用二倍角和三倍角公式,得

$$a = \frac{2\sin\dfrac{\pi}{11}}{\sin\dfrac{3\pi}{22}} = \frac{4\sin\dfrac{\pi}{22}\cos\dfrac{\pi}{22}}{3\sin\dfrac{\pi}{22}-4\sin^3\dfrac{\pi}{22}} =$$

$$\frac{4\cos\dfrac{\pi}{22}}{3-4\sin^2\dfrac{\pi}{22}} = \frac{4\cos\dfrac{\pi}{22}}{4\cos^2\dfrac{\pi}{22}-1} =$$

1.356 390 828 4

而本题给出的 $a=1.5$ 超过了应有长度,说明本题的星形多边形不是正规星形构建而成的!

至此我们把问题彻底弄清楚了. 结论是：本题是个错题. 错在没有交代什么是星形，在模糊的状态下，又给出了两个数据，而数据与正规星形是相悖的. 于是造成了"只用平面几何知识，则无需数据"和"如用数据，则无法用平面几何方法完成"这样的"两难"的局面.

§16　有向星形和广义有向星形

从星形的某个顶点出发，沿着边行走，有两个行走方向. 规定了行走方向的星形，称为有向星形.

这一节里，我们研究有向星形和广义有向星形.

定义 16.1　规定了行走方向的星形（对于合星形，约定它的各个素星形的行走方向是一致的），称为有向星形，记为 $\overline{A}_r(n)$.

为了研究问题的需要，下面引入顶点的折性数概念.

一动点沿着闭折线的边行走，若经过顶点 A_i 时向左拐，则称 A_i 为左顶点，它的折性数记为 $\xi_i = 1$；若经过顶点 A_i 时向右拐，则称 A_i 为右顶点，它的折性数记为 $\xi_i = -1$.

顶点的折性数均为 1 的有向星形，称为正向星形；顶点的折线数均为 -1 的有向星形，称为负向星形. 正向星形记为 $A_r^+(n)$，负向星形记为 $A_r^-(n)$. 不规定行走方向的星形，称为无向星形，记为 $A_r(n)$.

显然：

(1) 正向素星形 $A_r^+(n)$ 的环数为 $t = r+1$，负向素星形 $A_r^-(n)$ 的环数为 $t = -(r+1)$.

(2) 有向合星形 $A_r^{\pm}(n) = dA_{\frac{r+1}{d}-1}^{\pm}\left(\frac{n}{d}\right)\left(1 < d \leqslant r+1 \leqslant \frac{n}{2}\right)$ 的环数是所有素星形的环数之和，而每个素星形的环数为 $\pm\left[\left(\frac{r+1}{d}-1\right)+1\right] = \pm\frac{r+1}{d}$，所以合星形的环数

$$t = d \cdot \left(\pm\frac{r+1}{d}\right) = \pm(r+1)$$

这就得到了.

定理 16.1　有向星形 $\overline{A}_r(n)$ 的环数为 $t = \pm(r+1)$.（当星形为正向时等式右边取"$+$"号，否则取"$-$"号.）

推论 1　有向星形的环数 $t = \pm\frac{n-e-1}{2}$.

定理16.2 n 边有向星形 $\overline{A}_r(n)$ 的顶角和为 $\overline{\Omega}(n,r)=\pm(n-2r-2)\pi$.（当星形为正向时等式右边取"+"号，否则取"-"号.）

证明 有向素星形 $\overline{A}_r(n)$ 的顶角和为 $\Omega(n,r)=(n-2r-2)\pi$. 当素星形是正向时，其顶角和就是 $\overline{\Omega}(n,r)=(n-2r-2)\pi$；当素星形是负向时，它的顶角和就是与它对应的正向素星形的顶角和的相反数，所以 $\overline{\Omega}(n,r)=-(n-2r-2)\pi$.

对于有向合星形 $\overline{A}_r(n)$，设它由 d 个有向素星形合成，即 $\overline{A}_r(n)=d\,\overline{A}_{\frac{r+1}{d}-1}\left(\dfrac{n}{d}\right)$，由于每支素星形顶角和的绝对值为

$$\left[\dfrac{n}{d}-2\cdot\left(\dfrac{r+1}{d}-1\right)-2\right]\pi$$

且各支素星形的行走方向是一致的，因此，有向合星形的顶角和为

$$\pm d\left[\dfrac{n}{d}-2\cdot\left(\dfrac{r+1}{d}-1\right)-2\right]\pi=\pm(n-2r-2)\pi$$

综上，n 边有向星形 $\overline{A}_r(n)$ 的顶角和为 $\overline{\Omega}(n,r)=\pm(n-2r-2)\pi$，且当有向星形为正向时等式右边取"+"号，否则取"-"号.

推论2 若有向星形 $\overline{A}_r(n)$ 的任一顶角内含的顶点数为 e，则它的顶角和为 $\pm(e+1)\pi$.（当有向星形为正向时等式右边取"+"号，否则取"-"号.）

证明 因为 $A_r(n)$ 的每个顶角内含的顶点数满足

$$e=n-2r-3$$

所以

$$r=\dfrac{n-e-3}{2}$$

因为有向星形 $\overline{A}_r(n)$ 的顶角和为

$$\overline{\Omega}(n,r)=\pm(n-2r-2)\pi$$

将 $r=\dfrac{n-e-3}{2}$ 代入上式，就可得到 $\overline{\Omega}(n,r)=\pm(e+1)\pi$.

例1 如图16.1，指出下列有向星形的顶角和.

解 （a）星形是正向的，$e=2$，所以 $\overline{\Omega}(n,r)=(2+1)\pi=3\pi$.

（b）星形是负向的，$e=1$，所以 $\overline{\Omega}(n,r)=-(1+1)\pi=-2\pi$.

（c）星形是正向的，$e=1$，所以 $\overline{\Omega}(n,r)=(1+1)\pi=2\pi$.

我们在以上的所有的讨论中，总是把两个点（在同一圆上）之间相隔 r 个是沿顺时针方向还是沿逆时针方向没有严格区分开来，例如在图16.2中，一圈上有5个点，认为 A 与 B 相隔1个点 D，A 与 E 也相隔1个点 C.（这是因为在§10

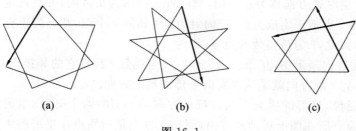

(a)　　　　　　(b)　　　　　　(c)

图 16.1

中我们把 $1 \leqslant r+1 \leqslant \frac{n}{2}$ 作为星形产生的约束条件,一直沿用到现在.)

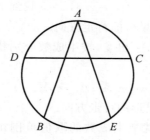

图 16.2

这样的不讲方向且对 r 的取值加以限制的做法,对无向星形是适用的,但对有向星形就不适用了. 例如,在图 16.3 中,沿逆时针方向联结每相隔 1 个点的两点成为边,都生成 5 边星形. 如果不考虑方向,那么,这两种星形都是同一种星形——5 边星形. 但是,若要考虑方向,则图 16.3(a) 是正向 5 边星形 $ABCDEA$,图 16.3(b) 是负向 5 边星形 $AEDCBA$.

因此,要讨论有向星形,必须对圈上两个点相隔 r 个点"是沿什么方向相隔"加以明确,同时,还需要对 r 的取值范围加以拓广.

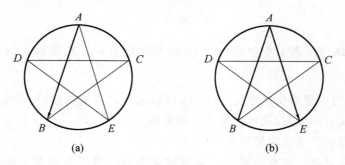

图 16.3

定义 16.2　我们把质点在星形顶点所在圈上运动的方向称为星形的生成

方向,其中逆时针方向称为正方向,顺时针方向称为负方向,并且规定:

(1)两个点依正生成方向(逆时针方向)相隔 r 个点,则 r 为正整数或正零(记为 $^+0$),反之,r 为负整数或负零(记为 $^-0$).

(2)在有向星形中,从顶点 A_i 出发,按生成数 r 找到它的邻接点 A_{i+1},则有向线段 A_iA_{i+1} 的方向就是这个有向星形的行走方向.

这就是说,星形的生成方向与行走方向是不同的两个概念.生成方向是质点在星形顶点所在圈上运动的方向,而行走方向是指质点在星形的边上运动的方向.

例 2 如图 16.4,有 7 个点排成一圈,从点 A_1 出发,分别按生成数 $r=1, r=-2, r=-3, r=5$ 找到下一个点,并指出相应的有向星形的行走方向.

解 如图 16.5,从点 A_1 出发,按生成数分别找出下一个点,分别是

$$A_1 \to A_3; A_1 \to A_5; A_1 \to A_4; A_1 \to A_7$$

并且这些就是得到的有向星形的行走方向.

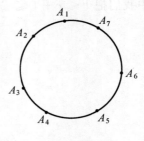

图 16.4

有了定义 16.2,我们就把生成数的取值范围由 $0 \leqslant r \leqslant \frac{n}{2}-1 (r \in \mathbf{Z})$ 拓广到 r 为一切整数.

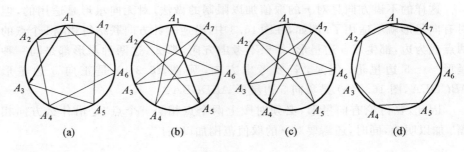

图 16.5

定义 16.3 若有向星形折线 $\overline{A}_r(n)$ 的生成数 $r \in \mathbf{Z}$,则称 $\overline{A}_r(n)$ 为广义有向星形.

例如,有向星形折线 $\overline{A}_{-18}(15), \overline{A}_{86}(15)$ 就是广义有向星形.而 $\overline{A}_3(15)$ 既可以称为广义有向星形,又可以称为有向星形.

如何研究广义有向星形呢?

我们常常把广义有向星形的问题转化为有向星形的问题来加以解决.为此,我们又引入如下概念:

定义 16.4 若两条有向闭折线 $\overline{A}(n), \overline{A}'(n)$ 所对应的无向闭折线是全等

的(以下简称为无向全等),并且行走方向相同,则称闭折线 $\bar{A}(n)$ 与 $\bar{A}'(n)$ 是全等的闭折线,记为

$$\bar{A}(n) = \bar{A}'(n)$$

定义 16.5 若两条有向闭折线 $\bar{A}(n), \bar{A}'(n)$ 所对应的闭折线是无向全等的,并且行走方向相反,则称闭折线 $\bar{A}(n)$ 与 $\bar{A}'(n)$ 是互逆的闭折线,记为

$$\bar{A}(n) = -\bar{A}'(n)$$

有了这两个定义,可给出如下:

定理 16.3 对于给定的自然数 $n(n \geqslant 3)$ 和整数 $r(r \in \mathbf{Z})$,必对应有一对互逆的有向星形.

证明 对于给定的自然数 n 和整数 r,设 $r \equiv r' \pmod n$($|r'| = 0, 1, 2, \cdots, n-1$),则 $\bar{A}_r(n) = \bar{A}_{r'}(n)$.

若 $0 \leqslant r' \leqslant n-1$,则必存在另一个生成数 $n-r'-1$ 满足: $(n, r'+1) = (n, n-r'-1)$,显然,由生成数 $r', n-r'-2$ 生成的两个有向星形 $\bar{A}_{r'}(n), \bar{A}_{n-r'-2}(n)$ 是互逆的,即 $\bar{A}_{r'}(n) = -\bar{A}_{n-r'-2}(n)$.

若 $-(n-1) \leqslant r' < 0$,显然,广义有向星形 $\bar{A}_{r'}(n)$ 与有向星形 $\bar{A}_{-r'}(n)$ 是互逆的,即 $\bar{A}_{r'}(n) = -\bar{A}_{-r'}(n)$.

例 3 求广义有向星形的环数:(1) $\bar{A}_{12}(15)$;(2) $\bar{A}_{-18}(15)$;(3) $\bar{A}_{86}(15)$.

解 (1) 因为 $n = 15, r = 12, (n, r+1) = (15, 13) = (15, 2)$,所以 $\bar{A}_{12}(15) = -\bar{A}_1(15)$,所以 $t = -(1+1) = -2$;

(2) 因为 $n = 15, r = -18 \equiv -3 \pmod{15}$,所以 $\bar{A}_{-18}(15) = \bar{A}_{-3}(15) = -\bar{A}_3(15)$,所以 $t = -(3+1) = -4$;

(3) 因为 $n = 15, r = 86 \equiv 11 = r' \pmod{15}, (n, r'+1) = (15, 12) = (15, 3)$,所以 $\bar{A}_{86}(15) = \bar{A}_{11}(15) = -\bar{A}_2(15)$,所以 $t = -(2+1) = -3$.

从例 3 我们看出,在研究问题时(例如求星形的环数),为方便计算,我们又把 r 的值转化到一定的范围内(利用同余概念),这个范围是指

$$0 \leqslant |r| \leqslant n-2, \text{且 } r \text{ 为偶数时 } r \neq \frac{n}{2} - 1$$

这里我们把这个范围称为生成数 r 的主值范围.

由广义有向星形的定义立即可得:在特殊情形下,即当 $r \equiv n-1 \pmod n$ 时或者当 r 为偶数且 $r \equiv \frac{n}{2} - 1 \pmod n$ 时,生成的广义有向星形会是怎么样的

呢?

① 当 $r \equiv n-1 \pmod{n}$ 时,生成的广义有向星形退化为 n 个点 A_{i_1}, A_{i_2}, $\cdots$, A_{i_n} ($i_1, i_2, \cdots, i_n$ 是 $1, 2, \cdots, n$ 的一个全排列),我们称之为"点星形",并规定每个"顶角"内含有 $n-2(n-1)-3=-n-1$ 个顶点,如图 16.6(a) 所示。

② 当 r 为偶数且 $r \equiv \frac{n}{2}-1 \pmod{n}$ 时,生成的广义有向星形为 $\frac{n}{2}$ 条孤立的有向线段 $\overline{A_{i_1}A_{i_1}}$, $\overline{A_{i_2}A_{i_2}}$, $\cdots$, $\overline{A_{i_{\frac{n}{2}}}A_{i_{\frac{n}{2}}}}$,我们称之为"线星形",并规定每个"顶角"内含有 $n-2(\frac{n}{2}-1)-3=-1$ 个顶点,如图 16.6(b) 所示。

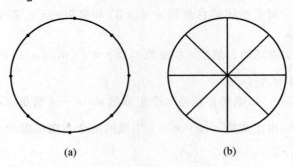

图 16.6

我们把上述两种星形称为怪星形,还约定:无论是否考虑行走方向,当 n 为奇数时,怪星形只算一个(一个点星形);当 n 为偶数时,怪星形只算两个(一个点星形,一个线星形)。

定理 16.4 n 边广义有向星形的种类数为 n.

证明 对于给定的自然数 $n(n \geqslant 3)$ 和整数 $r(r \in \mathbf{Z})$,设
$$r \equiv r' \pmod{n} \quad (r' = 0, 1, 2, \cdots, n-1)$$
则
$$\overline{A}_r(n) = \overline{A}_{r'}(n)$$

因为 n 边无向星形 $A_r(n)$ 的种类数是 $\left[\dfrac{n-1}{2}\right]$(其中 $[x]$ 是取整函数,它表示不大于 x 的最大整数)(定理 12.2),所以 n 边有向星形 $\overline{A}_r(n)$ 的种类数是
$$2 \cdot \left[\dfrac{n-1}{2}\right]$$

当 $n = 2k-1(k \in \mathbf{N})$ 时,怪星形只算一个(一个点星形),所以 n 边有向广义星形 $\overline{A}_r(n)$ 的种类数是
$$2 \cdot \left[\dfrac{n-1}{2}\right] + 1 = 2\left[\dfrac{(2k-1)-1}{2}\right] + 1 = 2k-1 = n$$

当 $n=2k(k\in \mathbf{N})$ 时,怪星形只算两个(一个点星形和一个线星形),所以 n 边有向广义星形 $\bar{A}_r(n)$ 的种类数是

$$2\cdot\left[\frac{n-1}{2}\right]+2=2\left[\frac{2k-1}{2}\right]+2=2k=n$$

证毕.

与定理 16.4 等价的还有另一种形式,即:

定理 16.5 n 边广义有向星形的种类数为 $\sum_{m|n}\varphi(m)$. 这里 $\varphi(m)$ 是欧拉函数,m 是 n 的所有正约数.

证明 任意一个正整数 $n=p_1^{a_1}p_2^{a_2}\cdots p_\lambda^{a_\lambda}$($p_1,p_2,\cdots,p_\lambda$ 是素数)的正约数 m 可以写成

$$m=p_1^{i_1}p_2^{i_2}\cdots p_\lambda^{i_\lambda}$$

的形式,其中 i_1 有 α_1+1 个可能值($i_1=0,1,2,\cdots,\alpha_1$),$i_2$ 有 α_2+1 个可能值 ($i_2=0,1,2,\cdots,\alpha_2$),……,$i_\lambda$ 有 $\alpha_\lambda+1$ 个可能值($i_\lambda=0,1,2,\cdots,\alpha_\lambda$),所以共有 $F(n)=\prod_{j=1}^{\lambda}(\alpha_j+1)$ 个正约数,这里 $F(n)$ 叫作除数函数.

这就是说,我们可以把 n 边广义有向星形分成 $F(n)$ 种,在支数为 d_i($d_i=\frac{n}{m_i}$,$i=1,2,\cdots,F(n)$)这一类中,$n=d_im_i$ 的广义有向星形有 $\varphi(m_i)$ 个,所以 n 边广义有向星形的种类数为 $\sum_{m|n}\varphi(m)$. 命题得证.

为什么定理 16.5 与定理 16.4 是等价的呢?

熟悉数论的读者会知道,著名的高斯定理是这样的:"若 m 表示 n 的所有正约数,$\varphi(m)$ 表示不大于 n 且与 n 互素的正整数的个数,则 $n=\sum_{m|n}\varphi(m)$". 实际上,这里我们用计算广义有向星形的种类数完成了对高斯定理的证明. 这也说明了为什么定理 16.5 与定理 16.4 是等价的.

例 4 给定 $n=15$,按支数对 15 边广义有向星形分类,并画图说明.

解 15 边广义有向星形有 15 个,可分为 $F(15)=F(3^1\times 5^1)=(1+1)(1+1)=4$ 类,这 4 类的支数分别是 1,3,5,15(它们是 15 的所有的正约数).

1 支的有 $\varphi(15)=8$ 个,它们是 $A_0^+(15), A_{13}^-(15), A_1^+(15), A_{12}^-(15)$,$A_3^+(15), A_{10}^-(15); A_6^+(15), A_7^-(15)$;

3 支的有 $\varphi(5)=4$ 个,它们是 $A_2^+(15), A_{11}^-(15), A_5^+(15), A_8^-(15)$;

5 支的有 $\varphi(3)=2$ 个,它们是 $A_4^+(15), A_9^-(15)$;

15 支的有 $\varphi(1)=1$ 个,它是 $A_{14}(15)$.

如图 16.7,其中生成方向均为正向,行走方向由箭头所示,箭头的个数表示支数. 其中 15 支的广义星形是怪星形,它由 15 个点组成.

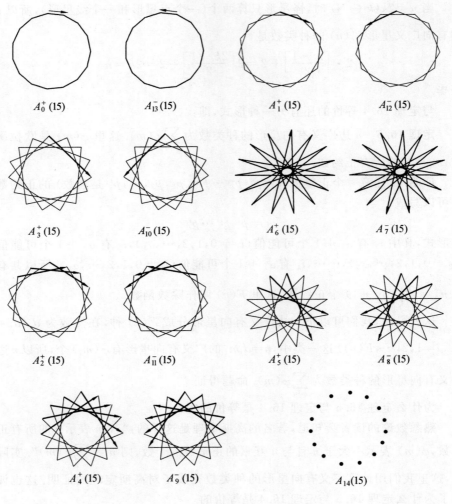

图 16.7

§17 有向星形折线的圈秩

我们知道：由一个凸 n 边形的边或对角线组成的闭折线，称为 n 边星形折线．星形折线也可以看成是这样生成的．

定义 17.1 围成一圈的 n 个点 $A_1, A_2, A_3, \cdots, A_n$ 与数列 $\{r_i\}$ ($r_i \in \mathbf{Z}, i=1, 2, \cdots, n-1$)，有这样的关系：点 A_1 与点 A_2 之间相隔 r_1 个点，点 A_2 与点 A_3 之间相隔 r_2 个点，……，点 A_{n-1} 与点 A_n 之间相隔 r_{n-1} 个点（当 $r_i \geqslant {}^+ 0$ 时在圈上沿

逆时针方向相隔,当 $r_i \leqslant 0$ 时在圈上沿顺时针方向相隔),顺次联结 $\overline{A_i A_{i+1}}$ ($i = 1, 2, \cdots, n-1$),最后联结 $\overline{A_n A_1}$,这样生成的有向闭折线 $A_1 A_2 A_3 \cdots A_n A_1$,称为有向星形折线,记为 $\bar{A}_{\{r_i\}}(n)$. 把数列 $\{r_i\}$ ($r_i \in \mathbf{Z}, i = 1, 2, \cdots, n-1$) 记为 $\{r_i\}$ ($i = 1, 2, \cdots, n-1$),并把 $\{r_i\}$ ($i = 1, 2, \cdots, n-1$) 叫作有向星形折线的生成数列.

例如,在图 17.1 中,围成一圈的 18 个点 $A_1, A_2, A_3, \cdots, A_{18}$ 与数列 $\{r_i\}$ ($i = 1, 2, \cdots, 17$) $= (-7, -5, -5, -8, 4, -7, 5, 4, 3, 6, 7, 6, -5, -3, -5, -3, 7)$ 有这样的关系:点 A_1 与点 A_2 之间相隔 $r_1 = -7$ 个点,点 A_2 与点 A_3 之间相隔 $r_2 = -5$ 个点,……,点 A_{17} 与点 A_{18} 之间相隔 $r_{17} = 7$ 个点,顺次联结 $\overline{A_1 A_2}$, $\overline{A_2 A_3}, \cdots, \overline{A_{17} A_{18}}$,最后联结 $\overline{A_{18} A_1}$,这样生成的有向闭折线 $A_1 A_2 A_3 \cdots A_{18} A_1$,称为 17 边有向星形折线,记为 $\bar{A}_{\{r_i\}}(18)$,其中数列 $\{r_i\}$ ($i = 1, 2, \cdots, 17$) 叫作这个有向星形折线的生成数列.

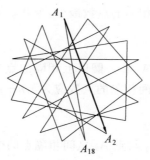

图 17.1

按上述定义,若生成数列是常数列,则 $\bar{A}_{\{r_i\}}(n)$ 就是广义有向星形 $\bar{A}_r(n)$ (定义 17.3). 所以,有向星形折线是对广义有向星形的推广:广义有向星形的生成依赖于一个生成数,而有向星形折线的生成依赖于一个生成数列.

例 1 围成一圈的 $n = 8$ 个点,给出以下生成数列,分别作出有向星形折线.

(1) $\{r_i\}$ ($i = 1, 2, \cdots, 7$) $= (1, 2, 5, 3, 1, 4, 5)$;

(2) $\{r_i\}$ ($i = 1, 2, \cdots, 7$) $= (3, 1, 2, 5, 3, 1, 4)$;

(3) $\{r_i\}$ ($i = 1, 2, \cdots, 7$) $= (-5, -4, -1, -3, -5, -2, -1)$;

(4) $\{r_i\}$ ($i = 1, 2, \cdots, 7$) $= (-3, -5, -4, -1, -3, -5, -2)$.

解 按生成数列,分别作出的有向星形折线如图 17.2(a)(b)(c)(d) 所示.

从例 1 可以看出,对于排成一圈的 n 个点,给出一个项数为 $n-1$ 的生成数列,必能得到一个 n 边有向星形折线. 反过来问:给定一个 n 边有向星形折线,与之对应的生成数列是唯一的吗?回答这一问题的是:

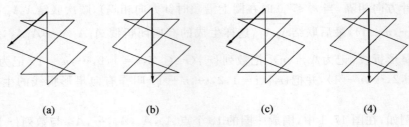

(a)　　　　　(b)　　　　　(c)　　　　　(4)

图 17.2

定理 17.1　对应于一个 n 边有向星形折线的生成数列有无数个,它们是
$$(k_1 n + r_1, k_2 n + r_2, \cdots, k_{n-1} n + r_{n-1})$$

其中 $k_i \in \mathbf{Z}, 0 \leqslant |r_i| \leqslant \dfrac{n}{2} - 1, i = 1, 2, \cdots, n-1$.

证明　首先,考察点 A_1 与点 A_2 之间在一圈内相隔的点的个数 $|r_1|$. 从一个行走方向看,点 A_1 与点 A_2 之间相隔 $|r_1|$ 个点,从相反的行走方向看,相隔 $n - |r_1| - 2$ 个点,要使得相隔的点数最少,令 $0 \leqslant r_1 \leqslant n - r_1 - 2$,就有 $0 \leqslant |r_1| \leqslant \dfrac{n}{2} - 1$.

其次,考察点 A_1 与点 A_2 在一圈以上相隔的点的个数,由于这个圈上有 n 个点,所以点 A_1 与点 A_2 之间相隔的点数应为 $k_1 n + r_1$(其中 $k_1 \in \mathbf{Z}, 0 \leqslant |r_1| \leqslant \dfrac{n}{2} - 1$).

然后,再依次考察点 A_2 与点 A_3 之间相隔点的个数 $|r_2|$、点 A_3 与点 A_4 之间相隔点的个数 $|r_3|$、$\cdots\cdots$、点 A_{n-1} 与点 A_n 之间相隔点的个数 $|r_{n-1}|$. 类似于以上的讨论,可以得到形式上完全相同的结果,从而得证.

定义 17.2　若设有向星形折线的生成数列 $\{r_{n-1}\}$ 的各项满足
$$0 \leqslant |r_i| \leqslant \dfrac{n}{2} - 1 \quad (i = 1, 2, \cdots, n-1)$$

则称这个数列为主值生成数列.

定义 17.3　设有向星形折线 $A_1 A_2 A_3 \cdots A_n A_1$ 的主值生成数列为 $\{r_i\}$ $(i = 1, 2, \cdots, n-1) = (r_1, r_2, \cdots, r_{n-1})$,若点 A_n 与 A_1 之间相隔 $r_n (r_n \in \mathbf{Z}, 0 \leqslant |r_n| \leqslant \dfrac{n}{2} - 1)$,则数列 $\{r_i\}$ $(i = 1, 2, \cdots, n) = (r_1, r_2, \cdots, r_{n-1}, r_n)$ 称为这个有向星形折线的增广生成数列.

再看图 17.2,四种情形的增广生成数列分别为:

(1) $\{r_i\}$ $(i = 1, 2, \cdots, 8) = (1, 2, 5, 3, 1, 4, 5, 3)$;

(2) $\{r_i\}$ $(i = 1, 2, \cdots, 8) = (3, 1, 2, 5, 3, 1, 4, 5)$;

(3) $\{r_i\}$ $(i = 1, 2, \cdots, 8) = (-5, -4, -1, -3, -5, -2, -1, -3)$;

(4) $\{r_i\}$ $(i=1,2,\cdots,8)=(-3,-5,-4,-1,-3,-5,-2,-1)$.

在(1)中，$\sum_{i=1}^{8} r_i = 24 = 8\times 3$，在(2)中，$\sum_{i=1}^{8} r_i = -24 = (-8)\times 3$，这些意味着什么?

让我们回到几何意义上来：

在有向星形折线 $A_1A_2A_3\cdots A_nA_1$ 中，"生成数为 r_i"表明(质点)从顶点 A_i 出发，沿某生成方向(由 r_i 的符号确定)，在圈上跨越 $r_i\pm 1$(当 $r_i\geqslant 0$ 时取"+"号，当 $r_i\leqslant 0$ 时取"－"号)段弧而到达顶点 A_{i+1} 处.

在(1)中，因为

$$\sum_{i=1}^{8} r_i = \sum_{i=1}^{8}(r_i+1) - 8 = 24 = 8\times 3$$

所以

$$\sum_{i=1}^{8}(r_i+1) = 32 = 8\times 4$$

这表明(质点)从顶点 A_i 出发，沿正的生成方向经过 8 次跨越而回到原出发点，在这一过程中(质点)恰在圈上绕过 4 圈.(对(2)(3)(4)可以作出同样的分析.)

原来，增广生成数列所有项之和与质点在圈上绕的圈数密切相关！

什么是质点在圈上绕的圈数呢？下面给出有向星形折线的圈秩的概念。

定义 17.4 从 n 边有向星形折线的顶点 A_1 出发，第 $i(i=1,2,\cdots,n)$ 次从顶点 A_i 处跨越 $r_i\pm 1$(当 $r_i\geqslant 0$ 时取"+"号，当 $r_i\leqslant 0$ 时取"－"号)段弧而到达顶点 A_{i+1} 处，经过 n 次跨越后回到原出发点处，在这一过程中(质点)在圈上绕过的圈数，称为这条有向星形折线的圈秩，记为 c.

如果把星形所在的圈看成一个圆，那么就有：$c = \dfrac{\sum_{i=1}^{n}\theta_i}{2\pi}$.

已知有向星形折线的增广生成数列，如何计算其圈秩呢？麻烦出在增广生成数列中有可能出现 $^+0$ 或 $^-0$. 当 $r_i = {}^+0$ 时，从顶点 A_i 处沿正方向(逆时针方向)跨越一段弧到达顶点 A_{i+1}；当 $r_i = {}^-0$ 时，从顶点 A_i 处沿负方向(顺时针方向)跨越一段弧到达顶点 A_{i+1}. 这就是说 $r_i = {}^+0$ 或 $^-0$ 在质点沿圈上运动时是有区别的。但是 $r_i = {}^+0$ 或 $^-0$ 在计算 $\sum_{i=1}^{n} r_i$ 中均对这个和值没有贡献，从而没有区别。

下面的定理解决了这个问题，从而能顺利地计算有向星形折线的圈秩.

定理 17.2 如果 n 边有向星形的增广生成数列为 $\{r_i\}(i=1,2,\cdots,n)=(r_1,r_2,\cdots,r_{n-1},r_n)$，其中有 τ 个正整数或 $^+0$，记 $R_n = \sum_{i=1}^{n} r_i$，那么它的圈秩为

$$c = \frac{R_n + 2\tau}{n} - 1$$

证明 一方面,由圈秩为 c 和一圈由 n 段弧组成知,质点从 n 边有向星形折线的顶点 A_1 出发,沿着正的生成方向(逆时针)在圈上经过 n 次跨越后回到原出发点处,这一过程中经过的弧段数为 cn.

另一方面,增广生成数列中有 τ 个正整数或 $^+0$,它们是 $r_{i_k}(k=1,2,\cdots,\tau)$,必有 $n-\tau$ 个负整数或 $^-0$,它们是 $r_{j_k}(k=1,2,\cdots,n-\tau)$,质点从 n 边有向星形折线的顶点 A_1 出发,沿着生成数所示的方向在圈上跨越,这一过程中,τ 个正整数或 $^+0$ 对所经过的弧段数的贡献是 $\sum_{k=1}^{\tau}(r_{i_k}+1)$,$n-\tau$ 个负整数或 $^-0$ 对所经过的弧段数的贡献是 $\sum_{k=1}^{n-\tau}(r_{j_k}-1)$,经过 n 次跨越回到原出发点处,总共经过的弧段数为

$$\sum_{k=1}^{\tau}(r_{i_k}+1) + \sum_{k=1}^{n-\tau}(r_{j_k}-1) = \tau + \sum_{k=1}^{\tau}r_{i_k} + \sum_{k=1}^{n-\tau}r_{j_k} - (n-\tau) =$$
$$2\tau - n + \sum_{i=1}^{n}r_i = 2\tau - n + R_n$$

这两方面结合起来,就有 $cn = 2\tau - n + R_n$,所以 $c = \dfrac{R_n + 2\tau}{n} - 1$. 证毕.

当有向星形折线的生成数列是常数列时,它成为广义有向星形,这时的圈秩是容易求得的,这就是:

推论 如果 n 边有向星形的增广生成数列为常数列 $\{r_i\}(i=1,2,\cdots,n) = \underbrace{(r,r,\cdots,r)}_{n 个 r}$($r$ 为整数,包括 $^+0$ 和 $^-0$),那么它的圈秩为 $c = r \pm 1$(其中当 $r \geqslant 0$ 时取"$+$"号,当 $r \leqslant 0$ 时取"$-$"号).

由于无向星形折线对应于无数条与之无向全等的有向星形折线,所以,对于无向星形折线,我们不研究其圈秩. 但是,为了研究有向星形折线的圈秩,有时我们把这个有向星形折线先不看其行走方向,即把它看成是无向星形折线,这样便于解决问题.

例 2 将圆盘 17 等分,一质点从某分点 A 出发,沿圆周顺时针方向运动,每次跨越 39 段弧,当它第一次回到点 A 时,运动了多少圈?

解 我们考察这个质点从出发到回到出发点的过程中,连同中间到达的分点在内,这些点依次联结可以组成什么样的有向星形折线. 先不考虑行走方向,有 $|r|+1=39$,由 $(n,|r|+1)=(15,39)=3=d$ 得

$$\left(\frac{n}{d}, \frac{|r|+1}{d}\right) = (5,13) = 1$$

因此,一质点从某分点 A 出发,每次跨越 39 段弧直到回到原处,依次到达的点可构成一个正五边星形.

由于质点是沿着圆周顺时针方向运动的,所以这个正五边星形所对应的五边有向星形折线的增广生成数列是
$$(r,r,r,r,r)=(-12,-12,-12,-12,-12)$$
再由定理 17.2 的推论知
$$c=r-1=-12-1=-13$$
所以当质点第一次回到点 A 时,运动了 13 圈.

例 3 设 8 边有向星形折线如图 17.3 所示,求其最小的圈秩.

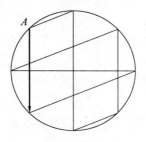

图 17.3

解 由有向星形折线的圈秩公式 $c=\dfrac{R_n+2\tau}{n}-1$ 知,欲 c 最小,只需 $R_n+2\tau$ 最小,则只需 r_i 最小,因此这个有向星形折线的生成数列应为增广生成数列,也就是 r_i 满足 $0\leqslant |r_i|\leqslant \dfrac{n}{2}-1(i=1,2,\cdots,n)$,且当 n 为偶数 r_i 取 $-\left(\dfrac{n}{2}-1\right)$(虽然可以取 $r_i=\dfrac{n}{2}-1$,但 $-\left(\dfrac{n}{2}-1\right)<\dfrac{n}{2}-1$).

以点 A 为起点,按图中所示行走方向,可得增广生成数列为
$$\{r_i\}(i=1,2,\cdots,8)=\{1,2,-3,-2,-1,-0,-3,+0\}$$
(注:当 r_i 既能取 3 又能取 -3 时,取 -3),所以
$$R_n=1+2+(-3)+(-2)+(-1)+0+(-3)=-6$$
又 $\tau=3$,所以
$$c=\frac{R_n+2\tau}{n}-1=\frac{-6+2\times 3}{8}-1=-1$$

定义 17.5 若增广生成数列 $\{r_i\}(i=1,2,\cdots,n)=(r_1,r_2,\cdots,r_{n-1},r_n)$ 满足 $0\leqslant |r_i|\leqslant \dfrac{n}{2}-1(i=1,2,\cdots,n)$,且当 n 为偶数时 r_i 只取 $-\left(\dfrac{n}{2}-1\right)$ 与 $\dfrac{n}{2}-1$ 中的较小者,这样的增广生成数列,称为最小增广生成数列.

例 4 设 6 边有向星形折线如图 17.4 所示,求其最小的圈秩.

解 欲求这个有向星形折线的最小圈秩,首先应确定其最小增广生成数列.以点 A 为起点,按图中所示行走方向,可得

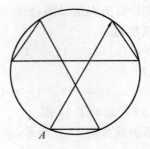

图 17.4

$$\{r_i\}(i=1,2,\cdots,6)=\{-2,-0,-2,-0,-2,-0\}$$

所以

$$R_6=(-2)+(-0)+(-2)+(-0)+(-2)+(-0)=-6$$

又 $\tau=0$,所以

$$c=\frac{R_6+2\tau}{n}-1=\frac{-6+2\times0}{6}-1=-2$$

有向星形折线的环数与圈秩,它们是同一个概念吗?

明显地,这两个概念的确是不同的:

有向星形折线的环数是指质点按行走方向沿着边遍历闭折线时,各边的方向对应于方向圆上的点绕方向圆的圆心所转过的圈数;而有向星形折线的圈秩是指质点按生成方向在闭折线所在的圈上从一个顶点到达邻顶点直到回到原出发点时,在这一过程中质点绕圈的中心所转过的圈数.

§18 生成星形折线的一般准则

1983 年 8 月,在长沙举行的第二届全国初等数学研究学术交流会上,我国肖果能教授在题为《初等数学研究与高等数学》的学术报告中,提出了一个有趣的数学问题:

设 $n(n\geqslant 3)$ 为自然数,在圆周上排列着 n 个位置,顺次编号为第 1 位,第 2 位,……,第 n 位,并在每一个位置上放一颗棋子. 我们按如下规则取走棋子:第一次取走第一位的棋子,第二次依该方向往后数一位,取走到达位置的棋子,第三次再依同样的方向接着往后数两位,取走到达位置的棋子,如此继续,后一次比前一次多数一个位置,当到达的位置上有棋子时,则取走之,当到达的位置上没有棋子(棋子已被取走)时,则终止游戏.问:当 n 取什么数时,恰用 n 次能将全部棋子取走?

下面我们来研究这个问题.

首先建立数学模型：

把第 1 次取走的棋子编号为 1，第 2 次依该方向往后数 1 位取走的棋子编号为 $1+2=3$，第 3 次再依同样的方向往后数 2 位取走的棋子编号为 $1+2+3=6$，……，第 x 次依该方向往后数 $x-1$ 位取走的棋子编号为 $1+2+3+\cdots+x=\dfrac{x(x+1)}{2}$，并规定当 $\dfrac{x(x+1)}{2}>n$ 时，编号就取 n 除 $\dfrac{x(x+1)}{2}$ 所得的余数，且当余数为 0 时编号为 n.

于是，逐次取走的棋子的编号（以下称为序号）组成一个首项为 1，项数为 n 的递增数列，现记为 B_n. 我们恰用 n 次能将圆周上的全部棋子取走，称为具有"遍历性". 这个"遍历性"的问题，实质上就是数列 $B_n = \left(\dfrac{2\times(1+2)}{2}, \dfrac{3\times(1+3)}{2}, \cdots, \dfrac{x(1+x)}{2}, \cdots, \dfrac{n(1+n)}{2}\right)$ 对模 n 的简化剩余系，即 B_n 各项被 n 除的余数恰是 $0,1,2,\cdots,n-1$ 的一个全排列.

现在我们把棋子看作点. 将第 i 位的棋子对应的点记为 $a_i (i=1,2,3,\cdots,n)$，把"依一定的方向往后数位到达的位置"说成是"按生成数 $r=p-1(p=1,2,3,\cdots,n)$ 找到相隔 r 个点的那个点"，这个有趣的问题可以翻译成为：

当 n 为何值时，将圆周上（或一个圈上）的 n 个点按一定方向标号为 A_1, $A_2,\cdots,A_n$，从点 A_1 出发，依次按生成数 $r=0,1,2,\cdots,n-1$，联结点 $A_1 \to A_{i_2} \to A_{i_3} \to \cdots \to A_{i_n}$，最后联结点 $A_{i_n} \to A_1$，可以得到一个广义星形.

为了进一步揭示这个问题的实质，我们引入如下概念：

定义 18.1 我们从星形折线的某一顶点（不妨把它标号为 $b_1=1$，并约定 b_{n+i} 与 b_i 是同一个顶点，以下同）沿着边不回头地行进，直至回到原出发点. 途中所经 n 个顶点（含出发点）的标号可组成一个首项为 1，项数为 n 的递增数列，记之为 $B_n=(b_1,b_2,\cdots,b_n)$，其中 $1=b_1<b_2<\cdots<b_n$ 且均为自然数，我们就把数列 B_n 叫作星形折线的序号数列.

定义 18.2 如果数列 $B_n=(b_1,b_2,\cdots,b_n)$ 是一个对模 n 的简化剩余系，即 B_n 各项被 n 除的余数恰是 $0,1,2,\cdots,n-1$ 的一个全排列，就称数列 B_n 具有遍历性.

由此可见，序号数列的遍历性，是对星形折线生成的代数描述.

任意一个由整数组成的且项数不小于 3 的递增数列，它能成为某一个星形折线的序号数列吗？显然是不行的. 那么，哪一些数列能成为某一个星形的序号数列呢？或者说，哪一些这样的数列具有遍历性呢？

例 1 给定数列 $B_8=(b_1,b_2,\cdots,b_8)=(1,2,4,7,11,16,22,29)$，验证它是否为星形折线的序号数列.

解 $1\equiv 1(\bmod 8), 2\equiv 2(\bmod 8), 4\equiv 4(\bmod 8), 7\equiv 7(\bmod 8), 11\equiv$

$3(\bmod 8), 16 \equiv 0(\bmod 8), 22 \equiv 6(\bmod 8), 29 \equiv 5(\bmod 8)$.

余数 $1,2,4,7,3,0,6,5$ 正好是对模 8 的简化剩余系,所以数列 B_8 是星形折线的序号数列.

如果我们把序号数列从第二项起的各项分别减去它前面的一项的差再减 1,这样得到的数列是一个很有用的数列.

事实上,由
$$B_8 = (b_1, b_2, \cdots, b_8)$$
$$\Rightarrow C_7 = (b_2 - b_1 - 1, b_3 - b_2 - 1, \cdots, b_8 - b_7 - 1) = (0, 1, 2, 3, 4, 5, 6)$$

集合 C_7 的各项依次是星形折线的生成数,我们把这个数列叫作序号数列的生成数列. 如图 18.1,圆上有 8 个点,我们先确定某点标号为 1,然后在圆上沿逆时针方向把点依次标号为 $2, 3, 4, \cdots$. 下面我们按生成数列 $C_7 = (0, 1, 2, 3, 4, 5, 6)$ 画出 8 边星形折线(依次把图中用圆圈圈起来的点联结起来).

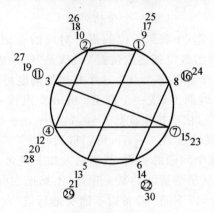

图 18.1

定义 18.3 对于序号数列 $B_n = (b_1, b_2, \cdots, b_n)$,从第二项起,每一项与它前一项的差再减 1,这样所得的数列称为序号数列的生成数列,简称为生成数列. 即生成数列 $R_{n-1} = (r_1, r_2, \cdots, r_{n-1})$,其中 $r_i = b_{i+1} - b_i - 1$ $(i = 1, 2, \cdots, n-1)$.

由这个定义,不难得到
$$b_k = b_{k-1} + r_{k-1} + 1 =$$
$$b_{k-2} + (r_{k-1} + r_{k-2}) + 2 = \cdots =$$
$$b_1 + (r_{k-1} + r_{k-2} + \cdots + r_2 + r_1) + (k-1) =$$
$$b_1 + \sum_{i=1}^{k-1} r_i + (k-1)$$

于是有公式
$$b_k = b_1 + \sum_{i=1}^{k-1} r_i + (k-1) \quad (k = 1, 2, \cdots, n) \tag{*}$$

公式(∗)用于由生成数列得到序号数列.

下面我们列举 3 个例子,均沿着生成数列、序号数列、序号数列的遍历性这一思路,用代数的方法研究星形折线的生成.而且,这些例子给出的星形折线是非常美妙的.

定理 18.1　当 n 为形如 $2^p (p \in \mathbf{N}, p \geqslant 2)$ 的数时,生成数列 $R_{n-1} = (0, 1, 2, \cdots, n-2)$ 所确定的序号数列 B_n 具有遍历性.

证明　不妨设 $b_1 = 1$,因为
$$R_{n-1} = (0, 1, 2, \cdots, n-2)$$
所以
$$b_k = b_1 + \sum_{i=1}^{k-1} r_i + (k-1) =$$
$$1 + \frac{(k-1)(k-2)}{2} + (k-1) =$$
$$1 + \frac{k(k-1)}{2}$$

首先用反证法证明:$B_n = (b_1, b_2, \cdots, b_n)$ 中除 $b_1 \equiv 1$ 外,$b_j \not\equiv 1 (\bmod n)$,$j = 2, 3, \cdots, n$.

假设 $b_j \equiv 1 (\bmod n)$,$j = 2, 3, \cdots, n$,注意到
$$b_j - b_1 = \frac{1}{2} j(j-1) \equiv 0 (\bmod n)$$

当 j 为奇数时,$n = 2^p$,$(n, j) = 1$,故有 $n \mid \frac{1}{2}(j-1)$,这与 $0 < \frac{1}{2}(j-1) \leqslant \frac{1}{2}(n-1) < n$ 矛盾;当 j 为偶数时,$(n, j-1) = 1$,故有 $n \mid \frac{1}{2}j$,这又与 $0 < \frac{1}{2}j < j \leqslant n$ 矛盾.

其次证明 $b_k \not\equiv b_j (\bmod n, 2 \leqslant k < j \leqslant n)$,仍用反证法.

假设 $b_k \equiv b_j (\bmod n)$,则
$$b_j - b_k = \sum_{i=k}^{j-1} r_i = \frac{1}{2}(j-k)(j+k-1) \equiv 0 (\bmod n)$$

注意到 $j-k$ 与 $j+k-1$ 是一奇一偶,上式中若 $j-k$ 是偶数,则奇数 $j+k-1$ 能被 n 整除;上式中若 $j+k-1$ 是偶数,则奇数 $j-k$ 能被 n 整除,这就表明 n 既能整除偶数又能整除奇数,那么 $n = 1$.但这与 $n > 2$ 矛盾.

综上所述,B_n 具有遍历性.

由于该生成数列 $R_{n-1} = (0, 1, 2, \cdots, n-2)$ 的后一项比前一项大 1,所以称为递进星形.

例 2　给定生成数列 $R_{n-1} = (0, 1, 2, \cdots, n-2)$,分别画出当 $n = 4, 8, 16, 32$

时的递进星形.

解 当 $n=4$ 时，$R_3=(0,1,2)$，对应的星形折线如图 18.2(a) 所示；

当 $n=8$ 时，$R_7=(0,1,2,3,4,5,6)$，对应的星形折线如图 18.2(b) 所示；

当 $n=16$ 时，$R_{15}=(0,1,2,3,\cdots,14,15)$，对应的星形折线如图 18.2(c) 所示；

当 $n=32$ 时，$R_{31}=(0,1,2,3,\cdots,30,31)$，对应的星形折线如图 18.2(d) 所示.

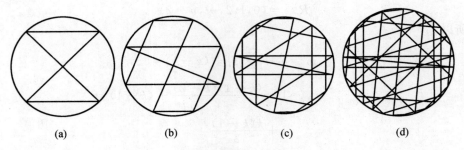

图 18.2

定理 18.2 n 为形如 $4m+2(m\in\mathbf{N}^*)$ 的偶数时，生成数列

$$R_{n-1}=\Big(\underbrace{\frac{n}{2}-2,\cdots,\frac{n}{2}-2}_{(\frac{n}{2}-1)\text{项}},\frac{n}{2}-1,\underbrace{\frac{n}{2}-2,\cdots,\frac{n}{2}-2}_{(\frac{n}{2}-1)\text{项}}\Big)$$

所确定的序号数列 B_n 具有遍历性.

证明 由生成数列的通项公式

$$R_{n-1}=(r_1,r_2,\cdots,r_{n-1})=\Big(\underbrace{\frac{n}{2}-2,\cdots,\frac{n}{2}-2}_{(\frac{n}{2}-1)\text{项}},\frac{n}{2}-1,\underbrace{\frac{n}{2}-2,\cdots,\frac{n}{2}-2}_{(\frac{n}{2}-1)\text{项}}\Big)$$

可知

$$r_i=\begin{cases}\frac{n}{2}-2 & (1\leqslant i\leqslant \frac{n}{2}-1)\\ \frac{n}{2}-1 & (i=\frac{n}{2})\\ \frac{n}{2}-2 & (\frac{n+1}{2}\leqslant i\leqslant n-1)\end{cases}\quad(i\in\mathbf{N})$$

以下分三种情况加以证明 $b_j\not\equiv b_k(\bmod n)$，均用反证法.

(1) 当 $1\leqslant k<j\leqslant \frac{n}{2}$ 时，假设 $b_j\equiv b_k(\bmod n)$，则

$$b_j-b_k=\sum_{i=k}^{j-1}\Big(\frac{n}{2}-1\Big)=(j-k)\Big(\frac{n}{2}-1\Big)\equiv 0(\bmod n)$$

先证明 $\left(\dfrac{n}{2}-1,n\right)=1$，即 $\dfrac{n}{2}-1$ 与 n 互质.

假设 $\left(\dfrac{n}{2}-1,n\right)=d(d>1)$，即 $\dfrac{n}{2}-1$ 与 n 有公约数 d，则 $d\mid n$ 且 $d\mid\left(\dfrac{n}{2}-1\right)$.

设 $n=2^t p_1^x p_2^y \cdots p_s^z$（$p_1,p_2,\cdots,p_s$ 为素数，$t\geqslant 1,t,x,y,\cdots,z$ 为自然数）.

由 $d\mid n$ 知，$d=2^{t'} p_1^{x'} p_2^{y'} \cdots p_s^{z'}$（其中 $t'<t, x'\leqslant x, y'\leqslant y,\cdots, z'\leqslant z$，且 $x', y',\cdots, z'$ 均为自然数）.

再由 $d\mid\left(\dfrac{n}{2}-1\right)$ 并注意到 $\dfrac{n}{2}-1=2^{t-1}p_1^x p_2^y\cdots p_s^z-1$，从而可知

$$2^{t'}p_1^{x'}p_2^{y'}\cdots p_s^{z'}\mid(2^{t-1}p_1^x p_2^y\cdots p_s^z-1)$$

这显然是不可能的！所以 $\left(\dfrac{n}{2}-1,n\right)=1$ 获证.

由 $(j-k)\left(\dfrac{n}{2}-1\right)\equiv 0(\bmod n)$ 和 $\left(\dfrac{n}{2}-1,n\right)=1$ 可知，$n\mid(j-k)$，可是由 $1\leqslant k<j\leqslant\dfrac{n}{2}$ 得 $1\leqslant j-k<\dfrac{n}{2}-1$，从而说明 $n\mid(j-k)$ 是不可能的.

(2) 当 $\dfrac{n}{2}<k<j\leqslant n$ 时，假设 $b_j\equiv b_k(\bmod n)$，则

$$b_j-b_k=\sum_{i=1}^{j-k}\left(\dfrac{n}{2}+1\right)=(j-k)\left(\dfrac{n}{2}+1\right)\equiv 0(\bmod n)$$

用类似(1)的方法，可证明这也是不可能的.

(3) 当 $1\leqslant k\leqslant\dfrac{n}{2}<j\leqslant\dfrac{n}{2}$ 时，假设 $b_j\equiv b_k(\bmod n)$，则

$$b_j-b_k=\sum_{i=1}^{j-k}r_i=\left(\dfrac{n}{2}-k\right)\left(\dfrac{n}{2}-1\right)+\dfrac{n}{2}+\left(j-\dfrac{n}{2}-1\right)\left(\dfrac{n}{2}+1\right)=$$

$$\dfrac{n}{2}(j-k)+(j+k-1)-n\equiv$$

$$\dfrac{n}{2}(j-k)+(j+k-1)\equiv 0(\bmod n)$$

当 $j-k$ 为偶数时，由

$$b_j-b_k\equiv\dfrac{n}{2}(j-k)+(j+k-1)\equiv j+k-1\equiv 0(\bmod n)$$

得 $n\mid(j+k-1)$，但 n 是偶数，而 $j+k-1$ 是奇数，且 $j+k-1\leqslant\dfrac{3}{2}n-1<2n$，所以 $n\mid(j+k-1)$ 是不可能的；

当 $j-k$ 为奇数时，令 $j-k=2q-1\left(q=1,2,\cdots,\dfrac{n}{2}\right)$，则

$$b_j - b_k \equiv \frac{n}{2}(2q-1)+(j+k-1) \equiv j+k-1-\frac{n}{2} \equiv 0 \pmod{n}$$

这说明 $n \mid \left(j+k-1-\frac{n}{2}\right)$，但这与 $0 < j+k-1-\frac{n}{2} \leqslant n-1 < n$ 矛盾，所以这也是不可能的.

综上所述，$b_j \not\equiv b_k (\mod n)$ 对 $1 \leqslant k < j \leqslant n$ 恒成立，即数列 B_n 必具有遍历性. 定理得证.

例 3 给定生成数列

$$R_{n-1}=(\underbrace{\frac{n}{2}-2, \cdots, \frac{n}{2}-2}_{(\frac{n}{2}-1)\text{项}}, \frac{n}{2}-1, \underbrace{\frac{n}{2}-2, \cdots, \frac{n}{2}-2}_{(\frac{n}{2}-1)\text{项}})$$

当 $n=6, 10, 14, 18$ 时，分别画出对应的星形折线.

解 当 $n=6$ 时，$R_5=(1,1,2,1,1)$，对应的星形折线如图 18.3(a) 所示；

当 $n=10$ 时，$R_9=(3,3,3,3,4,3,3,3,3)$，对应的星形折线如图 18.3(b) 所示；

当 $n=14$ 时，$R_{13}=(5,5,5,5,5,5,6,5,5,5,5,5,5)$，对应的星形折线如图 18.3(c) 所示；

当 $n=18$ 时，$R_{17}=(7,7,7,7,7,7,7,7,8,7,7,7,7,7,7,7,7)$，对应的星形折线如图 18.3(d) 所示.

 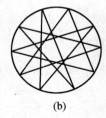 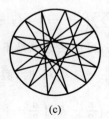 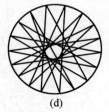

(a) (b) (c) (d)

图 18.3

定理 18.3 当 n 为形如 $4m-1(m \in \mathbf{N})$ 的素数时，生成数列

$$R_{n-1}=(0,1,2,\cdots,\frac{n-3}{2},\frac{n-3}{2},\cdots,2,1,0)$$

所确定的序号数列 B_n 具有遍历性.

这个命题是作者最初以猜想的形式提出的，我国黄拔萃对这一猜测给出了肯定性的证明（参考文献[22]）.

证明 由已知 $R_{n-1}=(0,1,2,\cdots,\frac{n-3}{2},\frac{n-3}{2},\cdots,2,1,0)$ 得

$$r_i = \begin{cases} i & (1 \leqslant i \leqslant \frac{n-1}{2}) \\ n-i & (\frac{n+1}{2} \leqslant i \leqslant n-1) \end{cases}$$

以下证明 $b_k \equiv b_j \pmod{n}$ 对于 $1 \leqslant k < j \leqslant n$ 恒成立. 以下分三种情况加以证明：

(1) 当 $1 \leqslant k < j \leqslant \frac{n-1}{2}$ 时

$$b_j - b_k = \sum_{i=k}^{j-1} i = \frac{j-k}{2} \cdot (j+k-1)$$

易知 $1 \leqslant j-k \leqslant \frac{n-1}{2} < n$, 因 $j-k$ 与 $j+k$ 同奇偶, 且当 $j-k$ 为奇数时, $j+k-1$ 为偶数, 且 $1 \leqslant \frac{j+k-1}{2} \leqslant \frac{n-1}{2} < n$;

当 $j-k$ 为偶数时, $k \leqslant j-2$, $1 \leqslant k+j-1 \leqslant 2j-3 < n$, 又 n 为素数, 故 $b_k \equiv b_j \pmod{n}$ 成立.

(2) 当 $\frac{n+1}{2} \leqslant k < j \leqslant n$ 时

$$b_j - b_k = \sum_{i=k}^{j-1}(n-i) = \sum_{i=n+1-j}^{n-k} i \text{（倒序和）}$$

由 $1 \leqslant n+1-j < n-k \leqslant \frac{n-1}{2}$ 知 $b_k \not\equiv b_j \pmod{n}$ 成立.

(3) 当 $1 \leqslant k < \frac{n+1}{2} < j \leqslant n$ 时, 由 $n = 4m-1$ 知

$$\frac{n-1}{2} = 2m-1$$

所以

$$b_j - b_k = \sum_{i=k}^{2m-1} i + \sum_{i=2m}^{j-1}(n-i) =$$
$$\frac{1}{2}(2m-k)(k+2m-1) + \frac{1}{2}(j-2m)(6m-1-j) =$$
$$\frac{1}{2}[4m^2 - 2m + k - k^2 - j^2 + j(8m-1) - 12m^2 + 2m] =$$
$$\frac{1}{2}[k - k^2 - j^2 + j(8m-1) - 8m^2]$$

因为

$$8m-1 = 2n+1, \quad -8m^2 = -2mn - 2m$$

所以

$$b_j - b_k = \frac{1}{2}[k - k^2 - j^2 + j(2n+1) - 2mn - 2m] \equiv$$
$$\frac{1}{2}[k - k^2 - j^2 + j - 2m](\bmod n) \qquad ①$$

因为
$$(8, n) = (8, 4m - 1) = 1$$

所以
$$b_k - b_j \equiv 0(\bmod n) \Leftrightarrow 8(b_k - b_j) \equiv 0(\bmod n)$$

由式 ① 知
$$8(b_k - b_j) \equiv -4k^2 + 4k - 1 - 4j^2 + 4j - 1 - 8m + 2 \equiv$$
$$-(2k-1)^2 - (2j-1)^2 (\bmod n)$$

若 $8(b_k - b_j) \equiv 0(\bmod n)$,则
$$(2k-1)^2 \equiv -(2j-1)^2 (\bmod n) \qquad ②$$

以下用雅可比符号计算式 ② 的二次剩余
$$\left[\frac{-(2j-1)^2}{n}\right] = \left(\frac{-1}{n}\right) = (-1)^{\frac{n-1}{2}} = (-1)^{2m-1} = -1$$

所以式 ② 不成立,因而式 ① 成立.命题得证.

例 4 给定生成数列 $C_{n-1} = \left(0, 1, 2, \cdots, \frac{n-3}{2}, \frac{n-3}{2}, \cdots, 2, 1, 0\right)$,当 $n = 3$, $7, 11, 19$ 时,分别画出对应的星形折线.

解 当 $n = 3$ 时,$R_2 = (0, 0)$,对应的星形折线如图 18.4(a) 所示;

当 $n = 7$ 时,$R_6 = (0, 1, 2, 2, 1, 0)$,对应的星形折线如图 18.4(b) 所示;

当 $n = 11$ 时,$R_{10} = (0, 1, 2, 3, 4, 4, 3, 2, 1, 0)$,对应的星形折线如图 18.4(c) 所示;

当 $n = 19$ 时,$R_{18} = (0, 1, 2, 3, 4, 5, 6, 7, 8, 8, 7, 6, 5, 4, 3, 2, 1, 0)$,对应的星形折线如图 18.4(d) 所示.

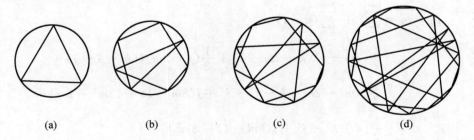

图 18.4

本节的讨论十分有趣.从数学背景来看,序号数列是一种映射数列,也就是给定一个非负整数集上的生成数列 $R_{n-1} = (r_1, r_2, \cdots, r_{n-1})$,有如下映射关系

$$f: r_k \to b_{k+1} = b_1 + \sum_{i}^{k} r_i + k \quad (k=1,2,\cdots,n-1)$$

下面再举一例：

例 5 当 $n=7$ 时，给出生成数列 $R_6=(5,4,3,3,3,0)$，画出相应的广义星形折线．

解 $b_1=1$；
$b_2=b_1+r_1+1=1+5+1=7$；
$b_3=b_1+(r_1+r_2)+2=1+9+2=12$；
$b_4=b_1+(r_1+r_2+r_3)+3=1+12+3=16$；
$b_5=b_1+(r_1+r_2+r_3+r_4)+4=1+15+4=20$；
$b_6=b_1+(r_1+r_2+r_3+r_4+r_5)+5=1+18+5=24$；
$b_7=b_1+(r_1+r_2+r_3+r_4+r_5+r_6)+6=1+18+6=25$.

所以序号数列 $B_7=(1,7,12,16,20,24,25)$．

注意到 $1\equiv 1\pmod 7, 7\equiv 0\pmod 7, 12\equiv 5\pmod 7, 16\equiv 2\pmod 7, 20\equiv 6\pmod 7, 24\equiv 3\pmod 7, 25\equiv 4\pmod 7$，可知序号数列 B_7 具有遍历性．它对应的星形如图 18.5 所示．

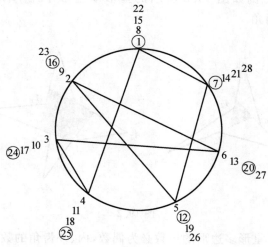

图 18.5

从研究手段来看，我们从研究生成数序号数列的遍历性入手，用代数方法（主要涉及同余概念）研究星形折线的生成，这就把几何问题转化为代数问题了，为研究星形折线开拓了广阔的前景．事实上，我们从本节的例子已经看出，生成数列的林林总总，生成的星形折线千姿百态．

§19 星形多边形

在日常生活中,我们经常看到如下图形(图 19.1):

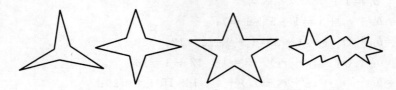

图 19.1

我们把上述全由双折边组成的简单闭折线,称为星形多边形.(关于双折边的概念,§21 将专门论及.本节提前使用了这一概念,是因为这样编排更为恰当.)

在星形多边形中,由相邻两边组成的向外凸的内角叫作外齿角,向内凸的内角叫作内齿角.例如图 19.2 所示的星形 6 边形中,$\angle A_2A_3A_4$ 是外齿角,$\angle A_1A_2A_3$ 是内齿角.

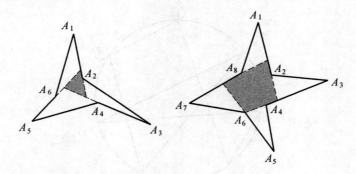

图 19.2

定理 19.1 星形多边形的边数必为偶数,内、外齿角的数目各半且相间排列.

该定理的证明在 §21 可以找到.

由于 $2m$ 边星形多边形有 m 个外齿角(或内齿角),于是我们又称之为 m 齿齿形.

在 m 齿齿形 $A_1A_2\cdots A_{2m}$ 中,延长 A_1A_2 交直线 A_3A_4 于点 B_1,延长 A_3A_4 交直线 A_5A_6 于点 B_2,延长 $A_{2m-1}A_{2m}$ 交直线 A_1A_2 于点 B_m,这样就在原齿形的形内得到一个 m 边形 $B_1B_2\cdots B_m$,这个 m 边形叫作 m 齿齿形 $A_1A_2\cdots A_{2m}$ 的基多边

形(特别地,基多边形可以退化为一个点).例如图 19.2 所示为 3 齿、4 齿齿形及其基多边形(阴影部分).

各内、外齿角分别相等的齿形称为等角齿形.

例如图 19.3 所示的 3 齿齿形中,3 个外齿角相等,即 $\angle A_6A_1A_2 = \angle A_2A_3A_4 = \angle A_4A_5A_6$,3 个内齿角相等,即 $\angle A_1A_2A_3 = \angle A_3A_4A_5 = \angle A_5A_6A_1$,那么 3 齿齿形 $A_1A_2A_3A_4A_5A_6$ 是等角 3 齿齿形.

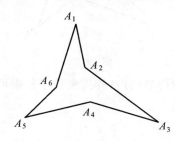

图 19.3

定理 19.2 等角齿形的基多边形是等角多边形.

证明 如图 19.4,$A_1A_2\cdots A_{2m}$ 是等角齿形,$B_1B_2\cdots B_m$ 是其基多边形.

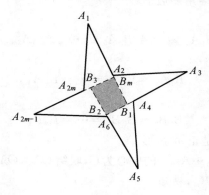

图 19.4

因为
$$\triangle A_2A_3B_1 \backsim \triangle A_4A_5B_2 \backsim \cdots \backsim \triangle A_{2m}A_1B_m$$
所以
$$\angle B_1B_2B_3 = \angle B_2B_3B_4 = \cdots = \angle B_mB_1B_2$$
所以 $B_1B_2\cdots B_m$ 是等角多边形.

在等角齿形中,若内、外齿角的两条边分别对应相等,则称之为等齿齿形.

例如图 19.5 所示的 4 齿齿形中,内、外齿角均相等,即 $\angle A_8A_1A_2 = \angle A_2A_3A_4 = \angle A_4A_5A_6 = \angle A_6A_7A_8, \angle A_1A_2A_3 = \angle A_3A_4A_5 = \angle A_5A_6A_7 = \angle A_7A_8A_1$,内、外齿角的边分别对应相等,即 $A_1A_2 = A_3A_4 = A_5A_6 = A_7A_8$,

95

$A_8A_1=A_2A_3=A_4A_5=A_6A_7$,那么齿形 $A_1A_2A_3A_4A_5A_6A_7A_8$ 是 4 齿等齿齿形.

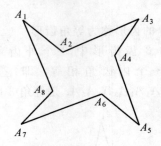

图 19.5

定理 19.3 m 齿等齿齿形的内、外齿角顶点分别可构成正 m 边形,并且它们有共同的中心.

证明 如图 19.6(a),由
$$\triangle A_1A_2A_3 \cong \triangle A_3A_4A_5 \cong \cdots \cong \triangle A_{2m-1}A_{2m}A_1$$
易知 $A_1A_3A_5\cdots A_{2m-1}$ 是正 m 边形.

如图 19.6(b),作 m 齿等角齿形 $A_1A_2\cdots A_{2m}$ 的基 m 边形 $B_1B_2\cdots B_m$,由定理 19.2 知 $B_1B_2\cdots B_m$ 是等角多边形.

又由
$$\triangle A_1B_1A_3 \cong \triangle A_3B_2A_5 \cong \cdots \cong \triangle A_{2m-1}B_mA_1$$
可知
$$B_1A_3=B_2A_5=\cdots=B_mA_1$$
所以
$$B_1B_2=B_2B_3=\cdots=B_mB_1$$
从而可知 $B_1B_2\cdots B_m$ 是正 m 边形.

设 m 边形 $A_1A_3A_5\cdots A_{2m-1}$ 的中心为 O,联结 $OA_1,OA_3,OA_5,\cdots,OA_{2m-1}$ 和 $OB_1,OB_2,OB_3,\cdots,OB_m$,易知
$$\triangle A_1OB_m \cong \triangle A_3OB_1 \cong \cdots \cong \triangle A_{2m-1}OB_{m-1}$$
于是
$$OB_1=OB_2=OB_3=\cdots=OB_m$$
即 O 是正 m 边形 $B_1B_2\cdots B_m$ 的中心.

由于 m 边形 $A_2A_4\cdots A_{2m}$ 内接于正 m 边形 $B_1B_2\cdots B_m$,且
$$B_1A_4=B_2A_6=\cdots=B_{m-1}A_{2m}=B_mA_2$$
故 $A_2A_4\cdots A_{2m}$ 是正 m 边形,且中心仍为点 O.

在等齿齿形中,若它的所有各边都相等,则称之为正齿形.例如图 19.6 就是正 5 齿齿形.

定理 19.4 正 m 齿齿形的中心对相邻两顶点的视角是一个常数,这个常

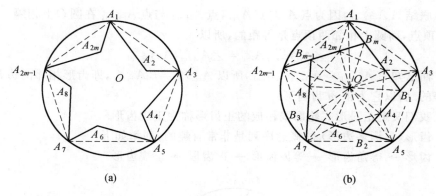

图 19.6

数是 $\dfrac{\pi}{m}$.

证明 如图 19.6，由定理 19.3 知，$A_1A_3A_5\cdots A_{2m-1}$ 和 $A_2A_4A_6\cdots A_{2m}$ 均是正 m 边形且有共同的中心 O，联结 $OA_1, OA_2, OA_3, \cdots, OA_{2m-1}, OA_{2m}$，由

$$\triangle A_1OA_2 \cong \triangle A_2OA_3 \cong \cdots \cong \triangle A_{2m}OA_1$$

知

$$\angle A_1OA_2 = \angle A_2OA_3 = \cdots = \angle A_{2m}OA_1 = \dfrac{\pi}{m}$$

定理 19.5 正 $2m$ 边形星形的轮廓线是正 m 齿齿形.

证明 由正星形的顶角相等知，正 $2m$ 边星形的轮廓线是 m 齿等角齿形，以下只需证明各个齿角的边相等.

如图 19.7 所示，设正星形 $P(n)$（其中 $n=2m$）内接于圆 O，生成数为 r. 在圆 O 上沿逆时针方向将星形顶点依次标号为 $A_1, A_2, \cdots, A_{2m}$.

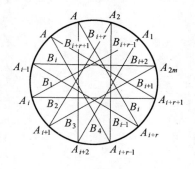

图 19.7

如图 19.8，设星形 $P(n)$ 的边 A_iA_{i+r+1} 与边 $A_{i+r}A_{i+2r+1}$ 交于点 B_i，因为点 A_{i+r} 与点 A_{i+r+1} 是圆 O 上的相邻两点，所以 $A_{i+r}B_i$ 与 B_iA_{i+r+1} 是星形轮廓线（齿形）的两条邻边.

联结 A_iA_{i+2r+1},因为点 A_i 与点 A_{i+r},点 A_{i+r+1} 与点 A_{i+2r+1} 在圆 O 上相隔 $r-1$ 个顶点,而圆上相邻两顶点是等距的,所以
$$\angle A_iA_{i+r+1}A_{i+r} = \angle A_{i+2r+1}A_iA_{i+r+1}$$
而已知 $A_iA_{i+r+1} = A_{i+r+1}A_{i+2r+1}$,所以 $A_{i+r}B_i = B_iA_{i+r+1}$,即齿形相邻两边是相等的. 所以它为正 m 齿齿形.

我们又把正星形式轮廓线构成的正齿形称为正规齿形.

齿形(星形多边形)的概念序列是非常有趣的,列举如下:

齿形 → 等角齿形 → 等齿齿形 → 正齿形 → 正规齿形.

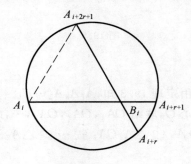

图 19.8

一般折线论

第 3 章

§20 平面闭折线的基本概念

在日常生活中,许多几何图案给我们以折线的概念,例如教室里的黑板边框、台球的运行路线以及图 20.1 所示的一种斜交窗格和一种装饰花边.

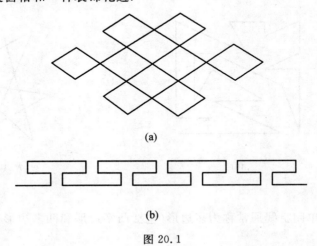

图 20.1

平面内若干条线段首尾相接,各条线段最多同另外的两条相联结,且端点不在另外线段上,这样的几何图形,称为平面折线,简称为折线.构成闭折线的线段称为边,线段的端点称为顶点,其中共顶点的两条边称为邻边,共边的两个顶点称为邻顶点.

在一条折线中,如果每一条边都与另外的两条边相联结,就称它为闭折线,否则称为开折线.图20.1(a)是闭折线,图20.1(b)是开折线.在本书中,我们主要研究闭折线.

图20.2所示的图形不是折线,可以称为图.

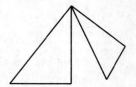
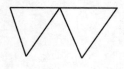

图 20.2

为了方便地研究闭折线的结构性质和度量性质,这里,我们对闭折线如下分类.

1.简单闭折线与非简单闭折线.

在一条闭折线中,如果两条不相邻的边之间存在公共点,那么这个公共点称为这条闭折线的自交点.

没有自交点的闭折线,称为简单闭折线;有自交点的闭折线,称为非简单闭折线.图20.3(a)是简单闭折线,图20.3(b)是非简单闭折线.

(a) (b)

图 20.3

简单闭折线通常称为多边形(包括凸多边形和凹多边形),3边闭折线就是三角形.

2.有向闭折线与无向闭折线.

将 n 个点 $A_1, A_2, A_3, \cdots, A_n$ 顺次连成闭折线时,$\overline{A_i A_{i+1}}(i=1,2,3,\cdots,n,$

A_{n+1} 就是 A_1)的方向称为这条闭折线的行走方向. 规定了行走方向的闭折线, 称为有向闭折线, 记为 $A_1A_2\cdots A_nA_1$, 简记为 $\overline{A}(n)$.

显然, 闭折线 $A_1A_2A_3\cdots A_nA_1$ 与 $A_1A_nA_{n-1}\cdots A_2A_1$ 是两条不同的有向闭折线.

如果我们不考虑闭折线的行走方向, 也就是说, 我们把闭折线 $A_1A_2A_3\cdots A_nA_1$ 与闭折线 $A_1A_nA_{n-1}\cdots A_2A_1$ 看成是同一条闭折线, 那么就把这条闭折线称为无向闭折线, 记为 $A_1A_2\cdots A_n$, 简记为 $A(n)$.

例如, 图 20.4(a) 是 21 边有向闭折线 $\overline{A}(21)$, 图 20.4(b) 是 7 边无向闭折线 $A(7)$.

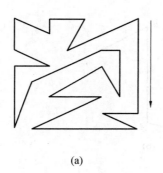 

图 20.4

3. 单折边闭折线、双折边闭折线和混折边闭折线.

设动点 P 沿着闭折线的边 AB 经顶点 B 走向邻边, 如向左拐, 则称顶点 B 为边 AB 的左折点, 否则称顶点 B 为边 AB 的右折点. 图 20.5(a) 中的顶点 B 是 AB 边的左折点, 图 20.5(b) 中的顶点 B 是边 AB 的右折点.

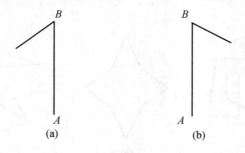

图 20.5

如果闭折线的一条边 AB 的一端是左折点, 另一端是右折点, 那么就称这条边 AB 为单折边; 如果闭折线的一条边 AB 的两端都是左折点, 或都是右折点, 那么就称这条边 AB 为双折边, 其中, 两端均是左折点的, 称为左旋边, 两端均是右折点的,称为右旋边.图20.6的边 AB 是单折边.图20.7的边 AB 是双折边,(a)中 AB 是左旋边,(b)中 AB 是右旋边.

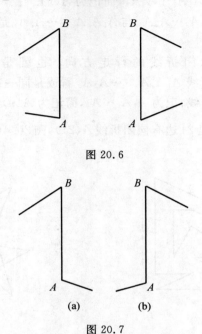

图 20.6

图 20.7

如果一条闭折线的所有各边都是单折边,那么这条闭折线称为单折边闭折线(图20.8(a));

如果一条闭折线的所有各边都是双折边,那么这条闭折线称为双折边闭折线(图20.8(b));

如果一条闭折线既有单折边又有双折边,那么这条闭折线称为混折边闭折线(图20.8(c)).

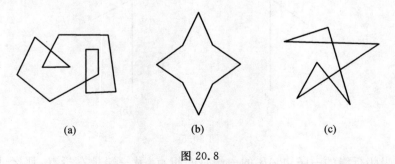

图 20.8

下面的定理是很有趣的,它反映了闭折线的一个基本性质.它是由杨之先生提出并证明的.(参考文献[6])

定理 20.1 闭折线如果有双折边,那么双折边边数为偶数,左右旋边各半且相间排列.

证明 把闭折线 $A_1A_2A_3\cdots A_n$ 的边 A_iA_{i+1} ($i=1,2,3,\cdots,n$,且 A_{n+1} 即 A_1)这样编号:若 A_i 为 A_iA_{i+1} 的左折点,则在 A_i 处标"$-$"号,否则标"$+$"号,如图 20.9 所示.

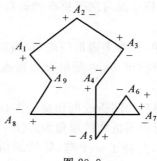

图 20.9

即规则如下:

(1) 任一顶点 A_i 处的两边上的标号相反;

(2) 单折边两端的标号相反,双折边两端的标号相同.标双减号$(-,-)$的为左旋边,标双加号$(+,+)$的为右旋边.

记 $a_i=A_iA_{i+1}$,且设闭折线 $A_1A_2A_3\cdots A_n$ 有双折边,如果它只有一条双折边,不妨设为 a_1,且 $a_1=(+,+)$,为双加号边,那么由标号规则及上述(1)(2),闭折线的各边的标号依次为

$$a_1=(+,+), a_2=(-,+), a_3=(-,+),\cdots,a_{n+1}=(-,+),a_n=(-,+)$$

但 $a_n=A_nA_{n+1}$,于是在 A_1 处标了两个加号,这是不可能的.因此,至少有两条双折边.

再考虑两条"相邻"双折边 $a_i,a_j(i<j)$,它们之间的边 $a_i,a_{i+1},\cdots,a_{j-1}$ 都是单折边.如 $a_i=(+,+)$,按标号规则和上述(1)(2),有

$$a_i=(+,+),a_{i+1}=(-,+),a_{i+2}=(-,+),\cdots,a_{j-1}=(-,+)$$

因此 $a_j=(-,-)$.如 $a_i=(-,-)$,则有 $a_j=(+,+)$.这就证明了"双折边左右旋边相间排列"的结论.

下面我们依次考虑边 $a_1,a_2,\cdots,a_n$.设碰到的第一条双折边为 a_{i_1},第二条为 a_{i_2},$\cdots\cdots$,最后一条为 $a_{i_k}(1\leqslant i_1<i_2<\cdots<i_k\leqslant n)$.按上述的证明,它们的标号"$+$""$-$"相间,且 a_{i_1} 与 a_{i_k} 异号,因此 k 必为偶数.

§21 平面闭折线的内角、顶角、折角及其关系

众所周知,三角形的内角和为 π,n 边形的内角和为 $(n-2)\pi$.

什么是闭折线的内角、顶角及有向闭折线的折角呢?它们之间的关系如何呢?

多边形在顶点处的劣角,称为多边形的内角.闭折线在顶角处的劣角,称为闭折线的顶角.§14 里提到的星角,也是星形在顶点处的劣角,故也可称为是星形的顶角.

定理 21.1 t 环 n 边单折边闭折线的顶角和为 $\Omega(n,t)=(n-2t)\pi$.

证明 设 t 环 n 边单折边闭折线的顶角为 $\beta_i(i=1,2,\cdots,n)$,当我们遍历闭折线依次经过 n 个顶点时,共转了 n 个弯,转过的角度(就是顶角的外角)为 $\beta_i'(i=1,2,\cdots,n)$,而实际上我们转过了 t 环,转过的角度共有 $2t\pi$,因此

$$\sum_{i=1}^{n}\beta_i'=2t\pi$$

又因为

$$\beta+\beta'=\pi$$

所以

$$\Omega(n,t)=\sum_{i=1}^{n}\beta_i=\sum_{i=1}^{n}(\pi-\beta_i')=n\pi-\sum_{i=1}^{n}\beta_i'=(n-2t)\pi$$

例 1 (上海市 1983 年初中数学竞赛题)平面上有六个点构成的图形(图 21.1),那么 $\angle A+\angle B+\angle C+\angle D+\angle E+\angle F=(\quad)$.

A. 180°   B. 360°   C. 540°   D. 以上都不对

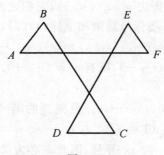

图 21.1

解 图形是 6 边单折边闭折线,它的环数为 2,所以其顶角和为
$$\Omega(6,2)=(6-2\times 2)\pi=2\pi$$
故选 B.

例 2 （美国第 17 届数学竞赛题）一星形可如下画出，画一多边形，依次记其边为 $1,2,\cdots,n$，并对 1 到 n 的任意整数，边 k 与边 $k+2$ 互不平行（又把边 $n+1$ 及边 $n+2$ 分别看成是边 1 及边 2）. 现对于所有这样的 k，把边 k 及 $k+2$ 延长到两者相交（如图 21.2，这是 $n=5,6$ 的情形）. 设 s 是 n 个角的内角和，则 s 等于（　　）.

A. $180°$　　B. $360°$　　C. $180°(n+2)$

D. $180°(n-2)$　　E. $180°(n-4)$

解　当 n 为奇数时，这个星形是由一支组成的单折边闭折线，易知环数为 2，所以

$$s=(n-2\times 2)\pi=(n-4)\pi$$

当为 n 偶数时，这个星形是由两支组成的单折边闭折线，可以看成是两个多边形拼合而成，所以

$$s=2(\frac{n}{2}-2\times 1)\pi=(n-4)\pi$$

故选 E.

定理 21.1 是有局限性的，它只适合于单折边闭折线. 并且，若仅限于考察无向闭折线的顶角和问题，就会得出"有双折边的闭折线，其顶角和不定"这样的结论. 例如，图 21.2(a)(b) 所示的无向闭折线，它们的顶角和显然是不同的.

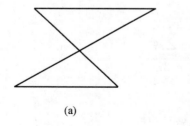
(a)

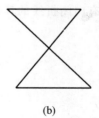
(b)

图 21.2

然而，我们只要对顶角考虑其符号，换言之，只要考察有向闭折线的有向顶角，那么，无论有无双折边，任何有向闭折线的有向顶角之和都是确定的.

为了说清楚这个问题，我们先介绍有向闭折线的有向顶角的概念.

设动点 P 沿着有向闭折线 $A_1A_2A_3\cdots A_nA_1$ 的边 A_iA_{i+1} 经顶点 A_{i+1} 走向邻边，如向左拐，则称顶点 A_{i+1} 为有向闭折线 $A_1A_2A_3\cdots A_nA_1$ 的正顶点，顶点 A_{i+1} 的折性数为 1，否则 A_{i+1} 为有向闭折线 $A_1A_2A_3\cdots A_nA_1$ 的负顶点，顶点 A_{i+1} 的折性数为 -1. 图 21.3(a) 中的顶点 A_{i+1} 是正顶点，图 21.3(b) 中的顶点 A_{i+1} 是负顶点.

有向闭折线在顶点处 A_i 的顶角是指对应的无向闭折线在顶点 A_i 处的顶角. 在有向闭折线中，顶点 A_i 处的顶角 β_i 与折性数 ξ_i 的乘积称为有向闭折线在

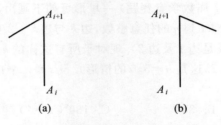

图 21.3

顶点 A_i 处的有向顶角,记为 $\xi_i\beta_i$,即

$$\xi_i\beta_i = \begin{cases} \beta_i & (\text{当 } A_i \text{ 为正顶点时}) \\ -\beta_i & (\text{当 } A_i \text{ 为负顶点时}) \end{cases}$$

由折角的定义知:有向顶角 $\xi_i\beta_i$ 与折角 φ_i 之和等于 $\xi_i\pi$. 所以,我们认为:在有向闭折线中,折角是有向顶角的有向补角,即

$$\varphi_i = \xi_i(\pi - \beta_i)$$

定理 21.2 设 t 环 n 边有向闭折线所有顶点的折性数之和为 m ($m = \sum_{i=1}^{n}\xi_i$),则所有的有向顶角的和为 $\overline{\Omega}(m,t) = (m-2t)\pi$.

证明 设有向闭折线在顶点 A_i 处的折角为 φ_i,则由 $\varphi_i = \xi_i(\pi - \beta_i)$ 知

$$\xi_i\beta_i = \xi_i\pi - \varphi_i$$

又注意到该有向闭折线的环数为

$$t = \frac{\sum_{i=1}^{n}\varphi_i}{2\pi}$$

即

$$\sum_{i=1}^{n}\varphi_i = 2t\pi$$

于是 t 环 n 边有向闭折线所有的有向顶角的和为

$$\overline{\Omega}(m,t) = \sum_{i=1}^{n}\xi_i\beta_i = n \cdot \sum_{i=1}^{n}\xi_i - \sum_{i=1}^{n}\varphi_i = (m-2t)\pi$$

例 3 计算图 21.4 中的有向闭折线的有向顶角的和.

有向闭折线 $\overline{A}(14)$ 所有的顶点的折性数之和为 $m=0$,它的环数为 0,所以,$\overline{A}(14)$ 的有向顶角之和为

$$\overline{\Omega}(0,0) = (0-2\cdot0)\pi = 0$$

定理 21.2 是一个很重要的定理,它是对单折边闭折线顶角和公式、多边形内角和公式的推广. 现作如下说明:

(1) 当闭折线是单折边时,各顶点的折性数为 1 或 -1,不妨设 $\xi_i = 1$ ($i=1$,

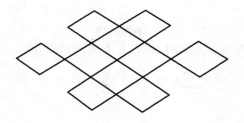

图 21.4

$2,\cdots,n$),则 $m = \sum_{i=1}^{n} \xi_i = n$,所以

$$\Omega(n,t) = \overline{\Omega}(m,t) = (m-2t)\pi = (n-2t)\pi$$

(2) 设 n 边形有 k 个凹顶点:$A_{i_1},A_{i_2},\cdots,A_{i_k}$,则有 $n-k$ 个凸顶点:$A_{i_{k+1}}$,$A_{i_{k+2}},\cdots,A_{i_n}(0 \leqslant k \leqslant n-3)$,对于多边形我们已有这样的约定:内角均为正角,不妨设凹顶点的折性数为 -1,凸顶点的折性数为 1.

当顶点 A_i 为凹顶点时,有向顶角与内角满足的关系是 $\alpha_i = 2\pi + \xi_i\beta_i$,即 $\xi_i\beta_i = \alpha_i - 2\pi$;当顶点 A_i 为凸顶点时,有向顶角就是内角,即 $\xi_i\beta_i = \alpha_i$.

例如,图 21.5 是 8 边直角有向闭折线 $A_1A_2A_3\cdots A_8A_1$(相邻两边均互相垂直),顶点 A_2 为凸顶点,它的有向顶角 $\xi_i\beta_i$ 就是内角 α_i,$\xi_i\beta_i = \alpha_i = \frac{\pi}{2}$;顶点 A_3 为凹顶点,它的有向顶角 $\xi_i\beta_i = \frac{\pi}{2}$,而内角 $\alpha_i = \frac{3\pi}{2}$,满足 $\xi_i\beta_i = \alpha_i - 2\pi$. 所以

$$\sum_{i=1}^{n}\alpha_i = (2\pi + \xi_1\beta_{i_1}) + \cdots + (2\pi + \xi_k\beta_{i_k}) + \xi_{k+1}\beta_{i_{k+1}} + \cdots + \xi_n\beta_{i_n} =$$

$$2k\pi + \sum_{i=1}^{n}\xi_i\beta_i = 2k\pi + \overline{\Omega}(m,1)$$

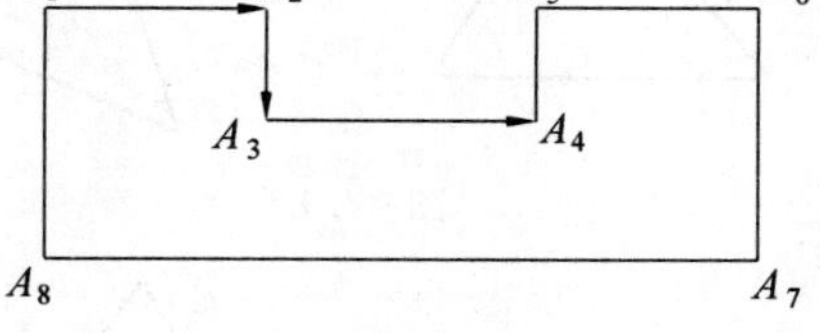

图 21.5

(1) 当 n 边形为凸多边形时,$k = 0$,$m = \sum_{i=1}^{n}\xi_i = n$,则有

$$\sum_{i=1}^{n}\alpha_i = 2k\pi + \overline{\Omega}(m,1) =$$

$$2k\pi + (m-2t)\pi =$$

$$2 \cdot 0 \cdot \pi + (n - 2 \cdot 1)\pi = (n-2)\pi$$

(2) 当 n 边形为凹多边形时,设它有 k 个凹顶点,则

$$m = \sum_{i=1}^{n} \xi_i = -k + (n-k) = n - 2k$$

所以

$$\sum_{i=1}^{n} \alpha_i = 2k\pi + \overline{\Omega}(m, 1) =$$
$$2k\pi + (m - 2t)\pi =$$
$$2k\pi + (n - 2k - 2 \cdot 1)\pi =$$
$$(n-2)\pi$$

由此可见,有向闭折线的有向顶角和公式深刻地揭示了有向闭折线的有向顶角与单折边闭折线的顶角、多边形的内角之间的关系,是反映闭折线基本性质的一个重要的结果.

§22 平面闭折线的锐角个数

我们观察如下几个图形:

(ⅰ) 在三角形的所有内角中,可能有 2 个锐角,可能有 3 个锐角(图 22.1).

(ⅱ) 在四边形的所有内角中,可能有 0 个锐角,可能有 1 个锐角,可能有 2 个锐角,也可能有 3 个锐角(图 22.2).

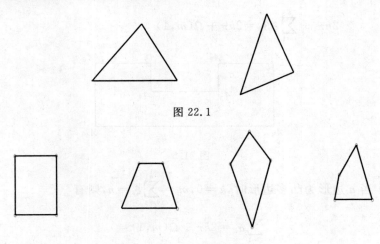

图 22.1

图 22.2

现在要问:在 n 边形的所有内角中,锐角的个数有什么样的规律?进一步问:n 边单折边闭折线的所有顶角中,锐角的个数有什么样的规律?现约定:角的弧度数的绝对值简称为角的绝对值,负的绝对值为正数,大小是这个负角的弧度数的绝对值.一般地,n 边闭折线的所有折角中,绝对值为锐角的折角的个数有什么样的规律?

1. 多边形的情形.

引理 22.1 n 边形的内角均不是锐角,存在这样的 n 边形 的充要条件是 $n \geqslant 4 (n \in \mathbf{N})$.

证明 必要性.若 n 边形 $A(n)$ 的所有内角 $A_1, A_2, \cdots, A_n$ 均不是锐角,则由 n 边形的内角和公式可知,$(n-2)\pi = A_1 + A_2 + \cdots + A_n \geqslant n \cdot \dfrac{\pi}{2}$,解得 $n \geqslant 4$;

充分性.若 $n \geqslant 4$,由正 n 边形的内角相等且为 $\dfrac{(n-2)\pi}{n} = \pi - \dfrac{2\pi}{n} \geqslant \dfrac{\pi}{2}$,故存在这样的 n 边形,它的所有内角均不是锐角.

引理 22.2 三角形的内角中不可能有且只有一个是锐角.

证明 假设三角形的内角中有且只有一个是锐角,则另外两个内角均为钝角或直角,这就与"三角形的三内角和为 π" 相矛盾.

引理 22.3 当 $n \geqslant 4 (n \in \mathbf{N})$ 时,n 边形的内角中有 $k = 0, 1, 2, \cdots, \rho(n)$ 个锐角,其中 $\rho(n)$ 是一个常数.

证明 设在 n 边形 $A(n)$ 的所有内角 $A_1, A_2, \cdots, A_n$ 中,设 $A_{i_1}, A_{i_2}, \cdots, A_{i_k}$ 为锐角,共有 $k (k = 0, 1, 2, \cdots, \rho(n))$ 个,其余 $n-k$ 个角 $A_{i_{k+1}}, A_{i_{k+2}}, \cdots, A_{i_n}$ 均为大于或等于 $\dfrac{\pi}{2}$ 而小于 2π 的角,则

$$(n-2) \cdot \pi = A_1 + A_2 + \cdots + A_n =$$
$$\underbrace{(A_{i_1} + A_{i_2} + \cdots + A_{i_k})}_{k \text{个锐角}} +$$
$$\underbrace{(A_{i_{k+1}} + A_{i_{k+2}} + \cdots + A_{i_n})}_{n-k \text{个大于或等于} \frac{\pi}{2} \text{而小于} 2\pi \text{的角}} \geqslant$$
$$\underbrace{(A_{i_1} + A_{i_2} + \cdots + A_{i_k})}_{k \text{个锐角}} + (n-k) \cdot \dfrac{\pi}{2}$$

所以

$$\underbrace{A_{i_1} + A_{i_2} + \cdots + A_{i_k}}_{k \text{个锐角}} \leqslant (n-2)\pi - (n-k) \cdot \dfrac{\pi}{2} = (n-4+k) \cdot \dfrac{\pi}{2}$$

即

$$\underbrace{A_{i_1}+A_{i_2}+\cdots+A_{i_k}}_{k\text{个锐角}} \leqslant (n-4+k)\cdot\frac{\pi}{2}$$

因为 $k=0,1,2,\cdots,\rho(n)$，且 $n\geqslant 4$，所以上述不等式的右端大于或等于 $\frac{\pi}{2}$.

要使不等式的左端的 k 个(有限个)锐角之和不大于该不等式的右端，这是完全办得到的！故引理 3 得证.

引理 22.4 在 n 边形 $A(n)$ 的所有内角中，设锐角的个数为 k，则 $k<\frac{2n+1}{3}+1$，其中 $n,k\in\mathbf{N}$，且 $n\geqslant 3$. ($\mathbf{N}=\{0,1,2,3,\cdots,n,\cdots\}$)

证明 在 n 边形 $A(n)$ 的所有内角 $A_1,A_2,\cdots,A_n$ 中，设 $A_{i_1},A_{i_2},\cdots,A_{i_k}$ 为锐角，共有 k 个，其余 $n-k$ 个角 $A_{i_{k+1}},A_{i_{k+2}},\cdots,A_{i_n}$ 均不小于 $\frac{\pi}{2}$ 而小于 2π，则

$$(n-2)\pi = A_1+A_2+\cdots+A_n =$$
$$\underbrace{(A_{i_1}+A_{i_2}+\cdots+A_{i_k})}_{k\text{个锐角}}+\underbrace{(A_{i_{k+1}}+A_{i_{k+2}}+\cdots+A_{i_n})}_{n-k\text{个不小于}\frac{\pi}{2}\text{而小于}2\pi\text{的角}} <$$
$$k\cdot\frac{\pi}{2}+(n-k)\cdot 2\pi$$

所以
$$n-2 < \frac{k}{2}+2(n-k)$$

解得 $k<\frac{2n+1}{3}+1$. 故引理 22.4 得证.

注意到 $\left[\frac{2n}{3}\right]+1\leqslant\frac{2n}{3}+1<\frac{2n+1}{3}+1$，由引理 22.4 立刻可得：

定理 22.1 在 n 边形 $A(n)$ 的所有内角中，设锐角的个数为 k，若 $n=3$，则 $k=2,3$；若 $n\geqslant 4(n\in\mathbf{N})$，$k=0,1,2,\cdots,\left[\frac{2n}{3}\right]+1$，其中 $[x]$ 表示不超过 x 的最大整数.

例如，当 $n=3$ 时，$k=2,3$，参见图 22.1.

当 $n=4$ 时，$k=0,1,2,3$，参见图 22.2.

当 $n=5$ 时，$k=0,1,2,3,4$，参见图 22.3.

当 $n=6$ 时，$k=0,1,2,3,4,5$，参见图 22.4.

当 $n=7$ 时，$k=0,1,2,3,4,5$，参见图 22.5.

当 $n=8$ 时，$k=0,1,2,3,4,5,6$，参见图 22.6.

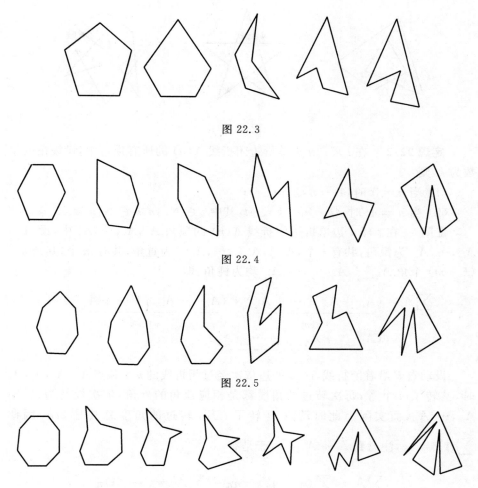

图 22.3

图 22.4

图 22.5

图 22.6

2. 单折边闭折线的情形.

设动点 P 沿着闭折线 $A(n)$ 的边 $A_1A_2, A_2A_3, \cdots, A_nA_1$ 依次行进,如果它通过某条边的两个端点时都是向左拐(或都是向右拐),那么这条边称为闭折线 $A(n)$ 的一条单折边;否则,就称为闭折线 $A(n)$ 的一条双折边.

如果一条闭折线的所有各边都是单折边,那么这条闭折线称为单折边闭折线. 例如,凸多边形是单折边闭折线,图 22.7 所示的闭折线都是单折边闭折线.

闭折线 $A(n)$ 的某个顶点处的劣角,称为闭折线 $A(n)$ 在这个顶点处的顶角.

  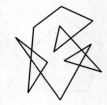

图 22.7

定理 22.2 在 t 环[1] n 边单折边闭折线 $A(n)$ 的所有顶角中,设锐角的个数为 k,则:

(1) 当 $n = 4t$ 时,$4t - n \leqslant k < 4t$;

(2) 当 $n \neq 4t$ 时,$4t - n < k < 4t$,其中 $t \in \mathbf{N}_+, n, k \in \mathbf{N}, n \geqslant 3$.

证明 在 t 环 n 边单折边闭折线 $A(n)$ 的顶角 $A_1, A_2, \cdots, A_n$ 中,设 $A_{i_1}, A_{i_2}, \cdots, A_{i_k}$ 为锐角,共有 k 个,$A_{i_{k+1}}, A_{i_{k+2}}, \cdots, A_{i_{k+m}}$ 为直角,共有 m 个,其余 $n-(k+m)$ 个角 $A_{i_{k+m+1}}, A_{i_{k+m+2}}, \cdots, A_{i_n}$ 均为钝角,即

$$\sum_{i=1}^n A_i = \underbrace{(A_{i_1} + A_{i_2} + \cdots + A_{i_k})}_{k\text{个锐角}} + \underbrace{(A_{i_{k+1}} + A_{i_{k+2}} + \cdots + A_{i_{k+m}})}_{m\text{个直角}} + \underbrace{(A_{i_{k+m+1}} + A_{i_{k+m+2}} + \cdots + A_{i_n})}_{n-(k+m)\text{个钝角}}$$

设动点 P 沿着闭折线 $A(n)$ 的边依次经过闭折线的 n 个顶点 $A_1, A_2, \cdots, A_n$ 时,共转了 n 个弯,每次转过的角度都是相应顶角的外角,依次设其为 $A'_1, A'_2, \cdots, A'_n$,而实际上此时动点 P 转了 t 环,转过的角度总共是 $2t\pi$,因此 $\sum_{i=1}^n A'_i = 2t\pi$,注意到 $A_i + A'_i = \pi$,于是有

$$\sum_{i=1}^n A_i = \sum_{i=1}^n (\pi - A'_i) = n\pi - \sum_{i=1}^n A'_i = (n - 2t)\pi$$

所以

$$(n-2t)\pi = \underbrace{(A_{i_1} + A_{i_2} + \cdots + A_{i_k})}_{k\text{个锐角}} + \underbrace{(A_{i_{k+1}} + A_{i_{k+2}} + \cdots + A_{i_{k+m}})}_{m\text{个直角}} + \underbrace{(A_{i_{k+m+1}} + A_{i_{k+m+2}} + \cdots + A_{i_n})}_{n-(k+m)\text{个钝角}} < k \cdot \frac{\pi}{2} + (n-k)\pi$$

由 $(n-2t)\pi < k \cdot \frac{\pi}{2} + (n-k)\pi$ 可得 $k < 4t$. 又

$$(n-2t)\pi = \sum_{i=1}^n A_i = \underbrace{(A_{i_1} + A_{i_2} + \cdots + A_{i_k})}_{k\text{个锐角}} + \underbrace{(A_{i_{k+1}} + A_{i_{k+2}} + \cdots + A_{i_{k+m}})}_{m\text{个直角}} +$$

$$(A_{i_{k+m+1}} + A_{i_{k+m+2}} + \cdots + A_{i_n}) =$$
$$\underbrace{\phantom{(A_{i_{k+m+1}} + A_{i_{k+m+2}} + \cdots + A_{i_n})}}_{n-(k+m)\text{个钝角}}$$

$$[(\pi - A'_{i_1}) + (\pi - A'_{i_2}) + \cdots + (\pi - A'_{i_k})] +$$
$$[(\pi - A'_{i_{k+1}}) + (\pi - A'_{i_{k+2}}) + \cdots + (\pi - A_{i_{k+m}})] +$$
$$[(\pi - A'_{i_{k+m+1}}) + (\pi - A'_{i_{k+m+2}}) + \cdots + (\pi - A'_{i_n})] =$$
$$n\pi - [\underbrace{(A'_{i_1} + A'_{i_2} + \cdots + A'_{i_k})}_{k\text{个钝角}} + \underbrace{(A'_{i_{k+1}} + A'_{i_{k+2}} + \cdots + A'_{i_{k+m}})}_{m\text{个直角}} +$$
$$\underbrace{(A'_{i_{k+m+1}} + A'_{i_{k+m+2}} + \cdots + A'_{i_n})}_{n-(k+m)\text{个锐角}}]$$

(1) 当 $n=4t$ 时,有 $(n-2t)\pi = \frac{n}{2} \cdot \pi = n \cdot \frac{\pi}{2} = n\pi - n \cdot \frac{\pi}{2}$,在上式中令 $m=n$ 即可,这时 n 边单折边闭折线的 n 个顶角全为直角,故 $k=0=4t-n$,且有
$$(n-2t)\pi < n\pi - [k\pi + (n-k) \cdot \frac{\pi}{2}]$$
由此可得 $k > 4t-n$,从而可知,当 $n=4t$ 时,$k \geqslant 4t-n$.

(2) 当 $n \neq 4t$ 时,由 $(n-2t)\pi < n\pi - [k\pi + (n-k) \cdot \frac{\pi}{2}]$,可得 $k > 4t - n$. 证毕.

例如,当 $n=5, t=2$ 时,$3 = 4 \times 2 - 5 < k \leqslant 5 < 4 \times 2 = 8$,所以 $k=4,5$,参见图 22.8.

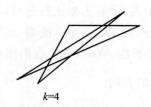
$k=4$

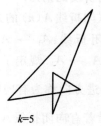
$k=5$

图 22.8

当 $n=6, t=2$ 时,$2 = 4 \times 2 - 6 < k \leqslant 6 < 8$,所以 $k=3,4,5,6$,参见图 22.9. ($k=6$ 时的图形是合星形)

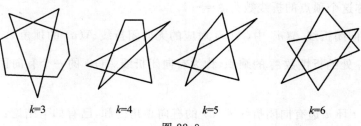

$k=3$ $k=4$ $k=5$ $k=6$

图 22.9

当 $n=7, t=2$ 时，$1=4\times 2-7<k\leqslant 7<8$，所以 $k=2,3,4,5,6,7$，参见图 22.10。

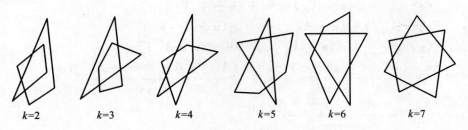

图 22.10

当 $n=8, t=2$ 时，$0=4\times 2-8<k<8$，所以 $k=1,2,3,4,5,6,7$，参见图 22.11。

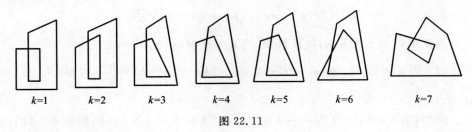

图 22.11

3. 任意闭折线的情形.

动点 P 从闭折线 $A(n)$ 的某一顶点 A_1 出发，沿着边依次行进可以按两个行进方向遍历闭折线：$A_1 \to A_2 \to A_3 \to \cdots \to A_n \to A_1$ 或者 $A_1 \to A_n \to A_{n-1} \to \cdots \to A_2 \to A_1$。规定了行进方向的闭折线 $A(n)$，称为有向闭折线，记为 $\overline{A}(n)$，这个行进方向称为有向闭折线 $\overline{A}(n)$ 的方向。

动点 P 沿着有向闭折线 $\overline{A}(n)$ 的边行进，如果它通过某个顶点时向左拐，那么这个顶点称为有向闭折线 $\overline{A}(n)$ 的一个左顶点，也称为正顶点，并且称这个点的折性数为 $\xi=1$；否则，就称为有向闭折线 $\overline{A}(n)$ 的一个右顶点，也称为负顶点，并且称这个顶点的折线数为 $\xi=-1$。

在有向闭折线 $\overline{A}(n)$ 中，$\overline{A}(n)$ 对应的无向闭折线 $A(n)$ 的顶角 A_i 与 $\overline{A}(n)$ 在顶点 A_i 处的折性数 ξ_i 的乘积，称为有向闭折线 $\overline{A}(n)$ 的一个有向顶角，记为 $\xi_i A_i$。

关于 t 环 n 边有向闭折线 $\overline{A}(n)$ 的有向顶角之和，已有如下结论：

引理 设 t 环 n 边有向闭折线 $\overline{A}(n)$ 的各顶点的折性数之和为 m，即

$m = \sum_{i=1}^{n} \xi_i$,则这条有向闭折线的有向顶角之和为$(m-2t)\pi$.

定理 22.3 在 t 环 n 边有向闭折线 $\overline{A}(n)$ 的所有折角中,设绝对值为锐角的折角的个数为 k,则
$$k < 2n - 2 \mid m - 2t \mid$$
其中 $n, k \in \mathbf{N}, n \geqslant 3, m$ 是有向闭折线 $\overline{A}(n)$ 的各顶点的折性数之和,即 $m = \sum_{i=1}^{n} \xi_i (\xi_i = 1 \text{ 或 } -1)$.

证明 设 t 环有向闭折线 $\overline{A}(n)$ 的有向顶角分别为 $\xi_1 A_1, \xi_2 A_2, \xi_3 A_3, \cdots, \xi_n A_n$,对应的无向闭折线 $A(n)$ 的顶角中,$A_{i_1}, A_{i_2}, \cdots, A_{i_k}$ 为锐角,共有 k 个,其余 $n-k$ 个角 $A_{i_{k+1}}, A_{i_{k+2}}, \cdots, A_{i_n}$ 均为直角或钝角.

因为
$$(m - 2t)\pi = \xi_1 A_1 + \xi_2 A_2 + \xi_3 A_3 + \cdots + \xi_n A_n$$
所以
$$\begin{aligned}
\mid m - 2t \mid \pi &= \mid \xi_1 A_1 + \xi_2 A_2 + \xi_3 A_3 + \cdots + \xi_n A_n \mid \leqslant \\
&\mid \xi_1 A_1 \mid + \mid \xi_2 A_2 \mid + \mid \xi_3 A_3 \mid + \cdots + \mid \xi_n A_n \mid = \\
&A_1 + A_2 + \cdots + A_n = \\
&\underbrace{(A_{i_1} + A_{i_2} + \cdots + A_{i_k})}_{k \text{ 个锐角}} + \\
&\underbrace{(A_{i_{k+1}} + A_{i_{k+2}} + \cdots + A_{i_n})}_{n-k \text{ 个直角或钝角}} < \\
&k \cdot \frac{\pi}{2} + (n - k) \cdot \pi
\end{aligned}$$
所以
$$\mid m - 2t \mid < \frac{k}{2} + n - k$$
所以 $k < 2n - 2 \mid m - 2t \mid$. 证毕.

在定理 22.3 中,若令 $m = n, t = 1$,则 $k < 4t$,这就是定理 22.2 的部分结论.

例如,若 1 环 5 边有向闭折线的折性数之和为 3,即 $t = 1, n = 5, m = 3$,则有
$$k < 2n - 2 \mid m - 2t \mid = 10 - 2 \mid 3 - 2 \mid = 8$$
图 22.12 所示的有向闭折线中,$k = 2, 3, 4, 5$.(图中有向闭折线的行进方向由折性数之和不难看出,以下同.)

若 0 环 5 边有向闭折线的折性数之和为 1,即 $t = 0, n = 5, m = 1$,则有
$$k < 2n - 2 \mid m - 2t \mid = 10 - 2 \mid 1 - 0 \mid = 8$$
图 22.13 所示的有向闭折线中,$k = 1, 2, 3, 4, 5$.

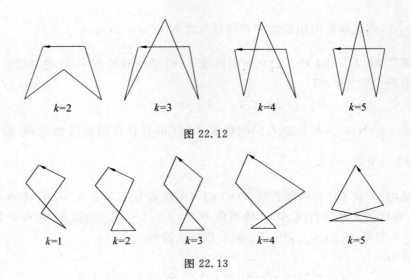

图 22.12

图 22.13

§23 平面闭折线的环数

对于图 23.1 所示的闭折线,我们从它的某一个顶点出发,沿着边行走,一直走下去直到回到起点处,感觉好像是绕着某一点转了 3 圈.对于图 23.2 所示的闭折线,感觉好像是绕着某一点转了 2 圈.

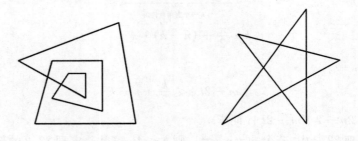

图 23.1　　　　图 23.2

但是,对于另外一些闭折线,我们并不能明显地感觉到好像是绕着某一点转了几圈的.例如,对于图 23.3 和图 23.4 所示的闭折线.

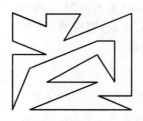

图 23.3　　　　　　　　图 23.4

为了真正弄清什么是"好像绕着某一点转了几圈"的问题,这里,我们建立闭折线的环数的概念.

n 边有向闭折线 $A_1A_2A_3\cdots A_nA_1$ 可以看成是由 n 条有向线段(也称为向量) $\overline{A_1A_2},\overline{A_2A_3},\cdots,\overline{A_{n-1}A_n},\overline{A_nA_1}$ 首尾相接而成的. 我们把它记为 $\overline{A}(n)$,并且把 $\overline{A_iA_{i+1}}$ 的方向,称为这条有向闭折线 $\overline{A}(n)$ 的方向.

定义 23.1　(有向闭折线的折角)对于有向闭折线 $\overline{A}(n)$,我们约定:

(1) 把向量 $\overline{A_{i-1}A_i}$ 转到与向量 $\overline{A_iA_{i+1}}$ 同向时,所转的角 φ_i 是指绝对值小于 π 的角;

(2) 当 $\overline{A_{i-1}A_i}$ 按逆时针方向转到与 $\overline{A_iA_{i+1}}$ 同向时,转角 φ_i 为正角($0<\varphi_i<\pi$);反之,转角 φ_i($-\pi<\varphi_i<0$)为负角.

我们把符合上述约定的角 φ_i,称为有向闭折线 $\overline{A}(n)$ 在顶点处的折角.

定义 23.2　(有向闭折线的环数)有向闭折线的所有的折角之和除以的商,称为有向闭折线的环数.

也就是说,有向闭折线 $\overline{A}(n)$ 的环数为

$$\overline{t}=\frac{\sum_{i=1}^{n}\varphi_i}{2\pi}$$

显然,有向闭折线的环数与边的长度没有太大的关系,只与边的方向有关. 下面我们就借助"方向圆"来确定边的方向.

以平面内一点为圆心 O 作单位圆,此圆上任一点就能确定一条射线 OM,这就确定了平面内的一个方向 OM;反过来,给定平面内一个方向 OM,从点 O 出发,沿着这个方向作射线必与此圆相交于一点 M. 这样,平面上的方向与圆上的点一一对应起来了. 这个圆就叫作方向圆.

下面来解释有向闭折线环数的几何意义.

设有向闭折线 $\overline{A(n)}$ 的顶点 A_i 有两条邻边 $\overline{A_{i-1}A_i}$ 和 $\overline{A_iA_{i+1}}$,其方向分别对应于方向圆 O 上的点 M_{i-1} 和 M_i,当边 $\overline{A_{i-1}A_i}$ 转到与边 $\overline{A_iA_{i+1}}$ 同向时,产生折角 $\angle M_{i-1}OM_i = \varphi_i$,对应地,点 M_{i-1} 在方向圆 O 上就划过圆弧 $M_{i-1}M_i$ 到达点 M_i 处,于是就有

$$\overline{t} = \frac{\sum_{i=1}^n \angle M_{i-1}OM_i}{2\pi} = \frac{\sum_{i=1}^n \varphi_i}{2\pi}$$

当一动点从有向闭折线的某一个顶点出发,沿着边遍历闭折线回到起点时,各边方向对应于方向圆上的点就绕着方向圆的圆心转过了若干圈. 这个圈数就是这条有向闭折线的环数.

n 边无向闭折线 $A_1A_2\cdots A_nA_1$ 可以看成是由 n 条线段 $A_1A_2, A_2A_3, \cdots, A_{n-1}A_n, A_nA_1$ 首尾相接而成的. 我们把它记为 $A(n)$. 一般情况下,我们所说的闭折线都是指无向闭折线.

定义 23.3(无向闭折线的环数) 给无向闭折线 $A(n)$ 一个方向,那么,有向闭折线 $\overline{A(n)}$ 的环数的绝对值称为无向闭折线 $A(n)$ 的环数.

例 1 求边自交的四边闭折线(蝶形)的环数.

解 如图 23.5 所示,设有向闭折线 $A_1A_2A_3A_4A_1$ 的各边 $\overline{A_1A_2}, \overline{A_2A_3}, \overline{A_3A_4}, \overline{A_4A_1}$ 的方向对应于方向圆上的点 M_1, M_2, M_3, M_4(图 23.6),那么各个折角的和

$$\varphi_1 + \varphi_2 + \varphi_3 + \varphi_4 = \angle M_1OM_2 + \angle M_2OM_3 + \angle M_3OM_4 + \angle M_4OM_1 = 0$$

所以边自交的四边闭折线的环数为 0.

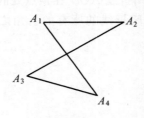
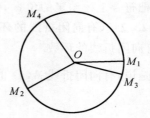

图 23.5   图 23.6

例 2 求证:多边形的环数为 1.

证明 给多边形一个正的方向(即按逆时针方向). 由平面几何知, $\angle A_{i-1}A_iA_{i+1}$ 的方向是向内的,它是多边形在顶点 A_i 处的内角,现记 $\angle A_{i-1}A_iA_{i+1} = \theta_i$. 由折角的定义 23.1 易知

$$\varphi_i + \theta_i = \pi$$

由于多边形的内角和 $\sum_{i=1}^n \theta_i = (n-2)\pi$,所以其折角和

$$\sum_{i=1}^{n}\varphi_i = \sum_{i=1}^{n}(\pi-\theta_i) = n\pi - (n-2)\pi = 2\pi$$

因此,正向多边形的环数为 1. 由于多边形的环数是它对应的有向多边形环数的绝对值,所以,多边形的环数为 1.

最后,我们用环数的观点来考察图 23.4. 图 23.4 所示的闭折线看起来很复杂,实则它没有自交点,是一个多边形(凹的),故其环数为 1.

§24 平面闭折线环数的计算

利用平面闭折线环数的定义,可以计算平面闭折线的环数,但往往比较繁琐. 计算平面闭折线环数有没有更简便的方法呢? 本节将介绍这一方法:分离法.

对于有自交点的平面闭折线 L,从某自交点 X 处断开,就得到两条各自独立的平面闭折线 L_1 和 L_2,这一变换叫作平面闭折线 L 关于点 X 的分离变换,记为 $L=L_1 \bigcup L_2$,如图 24.1 所示. 这时平面闭折线 L_1 和 L_2 称为原平面闭折线 L 的分离子折线.

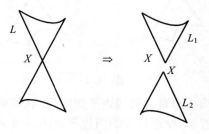

图 24.1

一般情形下,对平面闭折线进行分离变换时,因分离点的不同而分离得到的子折线就不同. 但总有:

定理 24.1 非简单平面闭折线总可以分离得到有限条简单的平面闭折线.

这个定理是显然的. 因为任意的非简单平面闭折线的自交点的个数是有限的,所以取其中甚至全部自交点将原折线分离,就可以得到有限条简单的平面闭折线.

定理 24.2 把有向平面闭折线从某个自交点处分离,所得的两条分离子折线的环数之和等于原平面闭折线的环数.

证明 将原 n 边平面闭折线给一个方向,得到有向的 n 边平面闭折线 $\overline{L} =$

$A_1A_2\cdots A_nA_1$. 设此有向平面闭折线 $\bar{L}$ 有自交点 X,我们把平面闭折线 $\bar{L}$ 在点 X 处分离成两条有向平面闭折线 $\bar{L}_1=A_1A_2\cdots A_iXA_1$ 和 $\bar{L}_2=XA_{i+1}A_{i+2}\cdots A_nX$. 在分离前,点 X 处没有折角,分离后,$\bar{L}_1$ 增加折角 $\angle A_iXA_1$,$\bar{L}_2$ 增加折角 $\angle A_nXA_{i+1}$ (图 24.2). 注意到

$$\angle A_iXA_1 + \angle A_nXA_{i+1} = 0$$

从而

$$t(\bar{L}_1) + t(\bar{L}_2) = \frac{\angle A_iXA_1 + \sum_{j=1}^{i}\varphi_j}{2\pi} + \frac{\angle A_nXA_{i+1} + \sum_{j=i+1}^{n}\varphi_j}{2\pi} = \frac{\sum_{i=1}^{n}\varphi_i}{2\pi} = t(\bar{L})$$

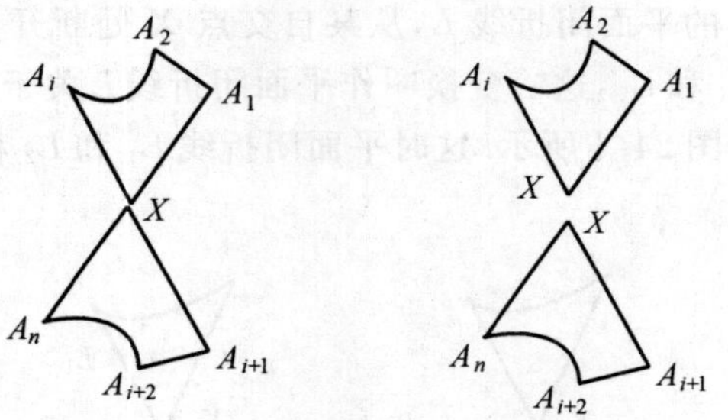

图 24.2

例 1 用上述方法求边自交的四边平面闭折线(蝶形)的环数.

解 如图 24.3 所示,设边自交的四边平面闭折线 $A_1A_2A_3A_4$ 的自交点为 X,给它一个方向成为有向的平面闭折线 $A_1A_2A_3A_4A_1$. 将在点 X 处分离得到有向 $\triangle A_1A_2XA_1$ 和有向 $\triangle XA_3A_4X$,所以

$$t(A_1A_2A_3A_4A_1) = t(A_1A_2XA_1) + t(XA_3A_4X) = 1 + (-1) = 0$$

所以

$$t(A_1A_2A_3A_4) = |t(A_1A_2A_3A_4A_1)| = 0$$

即边自交的四边平面闭折线的环数为 0.

为了更方便地将有向平面闭折线进行分离变换,我们引入同类有向平面闭折线的概念.

如果两条有向平面闭折线 $\bar{L}_1$ 和 $\bar{L}_2$ 的折角对应相等,就称这两条有向平面闭折线 $\bar{L}_1$ 和 $\bar{L}_2$ 为同类有向平面闭折线,记为 $\bar{L}_1 N \bar{L}_2$. 把有向平面闭折线 $\bar{L}_1$ 变换到与它同类的有向平面闭折线 $\bar{L}_2$(变换时,边的长度可以改变,自交点的个数

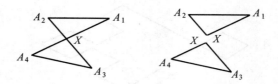

图 24.3

可以改变,但保证对应的折角相等),这种变换称为同类变换,记为 $\overline{L}_1 \xrightarrow{N} \overline{L}_2$.

显然,同类的有向平面闭折线的环数是相等的.

例如,图 24.4 中的(a)(b)是同类的五边有向平面闭折线.它们的边长对应并不全相等,又(a)的自交点个数为 5,(b)的自交点个数为 1,但它们的折角对应相等.

图 24.4

既然对有向平面闭折线进行同类变换时,其边长可以改变,自交点的个数可以改变,而环数不会发生变化.因此,我们在求较复杂的有向平面闭折线的环数时,可以将它进行同类变换,使其自交点的个数减少,从而分离起来就较为方便了.

例 2 一种斜交窗的图案,如图 24.5,求它的环数.

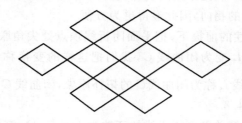

图 24.5

解 给该平面闭折线一个方向,得到有向平面闭折线.再进行同类变换,使它的自交数减少到最少为 1 个,如图 24.6.

再在那一个自交点处进行分离,如图 24.7.

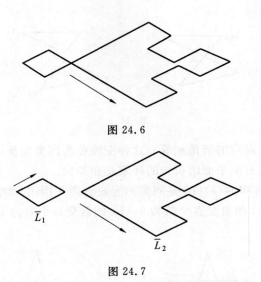

图 24.6

图 24.7

在给定方向下,$t(\bar{L}_1)=-1,t(\bar{L}_2)=1$(我们约定 $\bar{t(L)}$ 与 $t(\bar{L})$ 具有同样的意义.),所以

$$t(\bar{L})=t(\bar{L}_1 N \bar{N}_2)=t(\bar{L}_1)+t(\bar{L}_2)=(-1)+1=0$$

所以

$$t(L)=|\ t(\bar{L})\ |=0$$

上述求平面闭折线的环数的方法,称为变换分离法.

以上我们介绍了两种求平面闭折线的环数的方法:趋势分离法和变换分离法.在这两种方法中,基本思路是不改变折角或折角和的大小.

下面介绍的方法,因把平面闭折线变为闭曲线处理,故称为折曲分离法.这时,可以忽略某些边的拐向,因此显得更为方便.

在不改变相交性的前提下,把平面闭折线顶点处尖角联结换成弧线联结,从而把平面闭折线 L 变为闭曲线 C,我们把这样的变换称为折曲变换,记为 $L \xrightarrow{T} C$,平面闭折线 L 称为闭曲线 C 的拓扑原象,闭曲线 C 称为平面闭折线 L 的拓扑象,参见图 24.8.

我们知道,有向简单平面闭折线的环数为 1(或 -1).简单闭曲线的拓扑原象是简单平面闭折线.于是,我们约定,有向简单闭曲线的环数就是 1(或 -1).

一般地,我们规定:有向闭曲线 C 的环数就是它的拓扑原象 L(有向平面闭折线)的环数,即

$$t(C)=t(L) \quad (C \xrightarrow{t} L)$$

由于对有向平面闭折线的分离不改变其环数,也就是说,原有向平面闭折

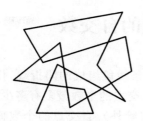

图 24.8

线的环数等于分离后各分离子折线的环数的代数和,即

$$t(L) = \sum_{i=1}^{p} t(L_i) = \sum_{i=1}^{p} t(C_i)$$

所以,我们可以按如下程序来求平面闭折线的环数:$L \xrightarrow{t} C = \bigcup_{i=1}^{p} C_i$.

例 3 求图 24.9 中有向平面闭折线的环数.

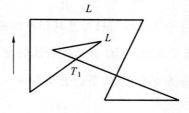

图 24.9

解 把有向平面闭折线进行折曲变换为有向闭曲线(图 24.10(a)),现将有向闭曲线从自交点处 T_1, T_2 分离,得到 3 条简单有向平面闭折线 C_1, C_2, C_3(图 24.10(b)).

所以

$$t(L) = t(C) = \sum_{i=1}^{p} t(C_i) = (-1) + (-1) + 1 = -1$$

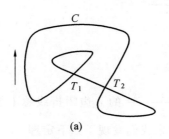
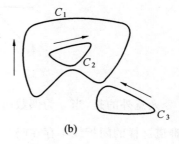

(a)   (b)

图 24.10

123

§25 平面闭折线的自交数

有一道曾经非常流行的题目：一条由 203 条线段组成的闭折线，任何两条线段都不在同一直线上，对于这样的闭折线，自交点的个数最多有多少？

闭折线的边与边的交点，称为自交点（顶点除外）。自交点的个数称为自交数。n 边闭折线的自交数记为 $k(n)$。

自交数是闭折线的一个重要特征，也是衡量闭折线复杂程度的一项重要指标。

n 边闭折线的自交数最小值是 0，简单闭折线就是这样的。一般地，n 边闭折线的自交数最大值是多少呢？

定理 25.1 当 n 为奇数时，n 边闭折线自交数的最大值是

$$k(n)_{\max} = \frac{n(n-3)}{2}$$

证明 首先，由于任一条线段与自身及其相连的两条线段无交点，所以每条线段上至多可有 $n-3$ 个交点，从而，n 边闭折线的交点数不超过 $\frac{n(n-3)}{2}$。

其次，我们证明：当 n 为奇数时，每条边上均有 $n-3$ 个自交点的闭折线是存在的。

设诸顶点可按下述方法作出：先作线段 l，再在 l 的一侧作出顶点 A_1，$A_3, \cdots, A_n$，在另一侧作出顶点 $A_2, A_4, \cdots, A_{n-1}$，使得它们按同一方向排列，如图 25.1，然后按 $A_1 \to A_2 \to A_3 \to \cdots \to A_n \to A_1$ 依次联结即可，同时注意适当地选取顶点位置使其任意三条线段不共点，而这是办得到的。

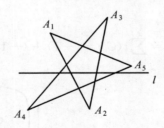

图 25.1

令人意外的是，当 n 为偶数时，自交数为 $\frac{n(n-3)}{2}$ 的 n 边闭折线总不能找到。难道这样的闭折线不存在吗？的确如此。后来我们发现了如下定理：

定理 25.2 当 n 为偶数时，n 边闭折线自交数的最大值

$$k(n)_{\max} = \frac{n(n-4)}{2} + 1$$

以下的证明是杨林给出的(参考文献[5]).

引理 25.1 设 l 为平面上一直线,$\triangle ABC$ 顶点都不在 l 上,边 BC,CA,AB 与直线 l 的交点个数分别为 a,b,c,则有:

(1) $a+b+c \leqslant 2$;

(2) $a+b \geqslant c, b+c \geqslant a, c+a \geqslant b$.

此引理可看成是三角形三边长度关系的离散情形.它在引理 25.2 的证明过程中将发挥重要作用.它的证明较容易,略去.

引理 25.2 当 $m \in \mathbf{N}, m \geqslant 2$ 时,$2m$ 边闭折线 $A(2m)$ 中的交点数为 $2m-3$ 的边不超过两条.

证明 当 $m=2$ 时,4 边闭折线 $A(4)$ 中边与边自身相交的交点数至多为 1,如图 25.2 所示.此时交点数为 $2 \times 2 - 3 = 1$ 的边只有 A_2A_3 和 A_4A_1 两条.命题成立.

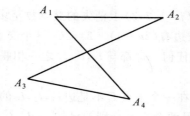

图 25.2

设 $m=k(m \geqslant 2)$ 时命题成立,对于 $m=k+1$,若有 $A(2k+2)$ 存在三条边 l_1, l_2, l_3,使得在 l_1, l_2, l_3 上的交点数都为 $2(k+1)-3 = 2k-1$ 个,以下证明这是不可能的.

(1) 若 $A(2k+2)$ 中有一条边 A_iA_{i+1} 与边 l_1, l_2, l_3 均不相邻.

将边 $A_{i-1}A_i, A_iA_{i+1}, A_{i+1}A_{i+2}$ 及线段 $A_{i-1}A_{i+1}, A_{i-1}A_{i+2}$ 与边 l_1, l_2, l_3 的交点个数(不包括顶点)分别记为 $A_{i-1}A_i(a_1,a_2,a_3), A_iA_{i+1}(b_1,b_2,b_3)$,$A_{i+1}A_{i+2}(c_1,c_2,c_3)$ 及 $A_{i-1}A_{i+1}(d_1,d_2,d_3), A_{i-1}A_{i+2}(e_1,e_2,e_3)$.

去掉边 $A_{i-1}A_i, A_iA_{i+1}$ 及 $A_{i+1}A_{i+2}$,再联结 $A_{i-1}A_{i+2}$ 作为新增加的边,则 $A(2k+2)$ 变为 $A(2k)$,显然边 l_1, l_2, l_3 均未被去掉(图 25.3).

考察边 l_1, l_2, l_3 在这一过程中可能消失的交点个数.

如果 A_{i-1}(或 A_{i+2})是边 $l_j (j=1,2,3)$ 的端点,则 $A_{i-1}A_i$ 与 $A_{i-1}A_{i+2}$ ($A_{i+1}A_{i+2}$ 与 $A_{i-1}A_{i+2}$)两线段内部都与 $l_j (j=1,2,3)$ 没有交点,故不妨设 A_{i-1},A_{i+2} 都不是边 $l_j (j=1,2,3)$ 的端点,于是在 $\triangle A_{i-1}A_iA_{i+1}$ 中,由引理 25.1 有

$$a_i + b_i + d_i \leqslant 2 \quad (j=1,2,3)$$

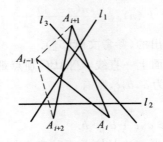

图 25.3

$$\Rightarrow a_i + b_i \leqslant 2 - d_i$$
$$\Rightarrow a_i + b_i + c_i - e_i \leqslant 2 - (d_i + e_i - c_i) \qquad ①$$

在 $\triangle A_{i-1}A_{i+1}A_{i+2}$ 中,由引理 1 有
$$d_i + e_i - c_i \geqslant 0 \qquad ②$$

由式 ①② 知
$$a_i + b_i + c_i - e_i \leqslant 2 \qquad ③$$

式 ③ 说明在线段 $l_j (j=1,2,3)$ 上消失的交点数至多为 2 个. 从而在变化后的 $A(2k)$ 中,有至少三条边有 $(2k-1)-2=2k-3$ 个交点,此与归纳假设矛盾.

(2) 若 $A(2k+2)$ 中任何一边都与 l_1,l_2,l_3 之一相联结,以下又分两种情况进行讨论.

(a) 若 $A(2k+2)$ 存在一个顶点 P 不是边 l_1,l_2,l_3 的任一个的端点,则以点 P 为公共端点的两边的另两个端点分别与已知 l_1,l_2,l_3 的某两边相连,设其与 l_2 及 l_3 的各一个端点 M,N 相重合(参见图 25.4,在这种情况下 P 只能这样联结). 去掉 PM,PN 两边,则 l_1 上去掉了两个交点,l_2,l_3 上各去掉了一个交点. 然后,在保持其他各边与 l_1,l_2,l_3 相交不变的前提下,将 l_2 与 l_3 的交点 Q 移至两线段的端点,使 Q,M,N 三点重合,这是可以做到的. 这样,l_1,l_2,l_3 上各边消失的交点数不超过 2 个. 此时的 $A(2k)$ 中有三条边 l_1,l_2,l_3 上的交点数为 $(2k-1)-2=2k-3$,与归纳假设矛盾.

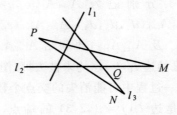

图 25.4

(b) 若 $A(2k+2)$ 中任何一个顶点都是 l_1,l_2,l_3 的某一个的端点. l_1,l_2,l_3 共 6 个端点,故 $A(2k+2)(k \geqslant 2)$ 只能是六边闭折线,且边 l_1,l_2,l_3 不能有两条

相连接.令 A_iB_i 表示边 $l_i(i=1,2,3)$,若 l_3 上有 3 个交点(图 25.5),则有 A_1 和 B_2(或 A_2 和 B_1)相连.由对称性,不妨设 A_1B_2 为一边,显然此时 A_2 不能与 B_1 相连(否则,$A_1B_2A_2B_1A_1$ 成有一个自交点的四边闭折线),若 A_2 与 B_3 相连,则 A_3 必与 B_1 相连,但 A_3B_1 与 A_2B_2 不相交,A_3B_1 也不是 A_2B_2 的邻接边,此与 A_2B_2 上有最多交点数(3个)的假设相矛盾.同理可知 A_2 不能与 A_3 相连,这与 A_2 是六边闭折线的顶点矛盾.

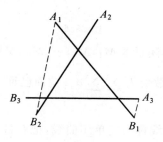

图 25.5

综上所述,当 $m=k+1$ 时,命题也成立,从而命题对于任意不小于 2 的自然数 m 都成立.

由引理 25.2,我们得到 n 为偶数时,$A(n)$ 最多 2 条边上有 $n-3$ 个交点,其他 $n-2$ 条边上每边至多有 $n-4$ 个交点,总计起来,$A(n)$ 的自身交点数至多有 $\dfrac{2(n-3)+(n-2)(n-4)}{2}=\dfrac{n(n-4)}{2}+1$ 个.

至此,定理 25.2 得证.于是就有:

定理 25.3 n 边闭折线自交数的最大值

$$k(n)_{\max}=\begin{cases}\dfrac{n(n-3)}{2} & (\text{当 } n \text{ 为奇数时})\\ \dfrac{n(n-4)}{2}+1 & (\text{当 } n \text{ 为偶数时})\end{cases}$$

需要说明的是,关于 n 边闭折线达到最大值的几何模型.

以上是一条闭折线自身的交点数.下面研究两条闭折线的交点数问题.

定理 25.4 两条闭折线满足:任一条的顶点不在另一条的边上,且无三条边共点,则这两条闭折线的交点个数必为偶数.

证明 先证明两条简单闭折线成立.注意到一条线段与简单闭折线有一个交点时,其端点一个在内部,另一个在外部(图 25.6).我们从一条闭折线的一个顶点出发,行走中与另一条简单闭折线有一个交点,就从这一部分进入了另一部分.故行进中经过偶数个交点后,才能回到出发时的那一部分.这表明结论成立.

一般地,对于两条闭折线 L 和 M,将 L 分离成 n 条简单闭折线 $L_1,L_2,\cdots,$

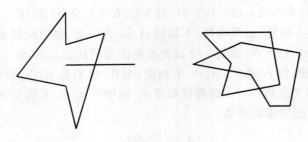

图 25.6

L_n,将 M 分离成 m 条简单闭折线 $M_1,M_2,\cdots,M_m$,又设 L_i 与 M_j 的交点个数为 a_{ij},则 L_i 与 M_j 所有交点数恰为 $\sum_{i=1}^{n}\sum_{j=1}^{m}a_{ij}$. 前面已证 a_{ij} 为偶数,所以 $\sum_{i=1}^{n}\sum_{j=1}^{m}a_{ij}$ 必为偶数.

我们把不自交的闭曲线称为简单闭曲线,把有自交点的闭曲线称为自交闭曲线. 与闭折线类似地,这里所说的自交闭曲线的自交点不允许重复. 例如,图 25.7(a)(b) 是允许的,自交点称为二重点,(c) 是不允许的,自交点称为三重点.

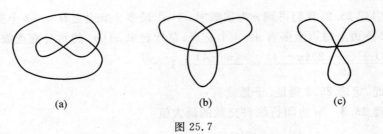

图 25.7

定理 25.5 两条闭曲线满足:或者自身不相交,或者自交点为二重点,且任一曲线不经过另一曲线的自交点,那么这两条闭曲线的自交点的个数必为偶数.

此定理的证明完全类似于定理 25.3 的证明. 这里不再赘述.

§26 有最大自交数的平面闭折线

定理 25.3 告诉我们,n 边闭折线自交数的最大值

$$k(n)_{\max}=\begin{cases}\dfrac{n(n-3)}{2} & (\text{当 } n \text{ 为奇数时})\\ \dfrac{n(n-4)}{2}+1 & (\text{当 } n \text{ 为偶数时})\end{cases}$$

那么,自交数达到最大值的n边闭折线是什么样的呢?

本节介绍的两类星形折线,是其自交数能取得最大值的n边闭折线.

定义 26.1 当n为奇数时,在所有的n边素星形$A_r(n)$中生成数最大的那个星形,称为单折边极位星形.

例如:当$n=15$时,所有的素星形有$A_0(15),A_1(15),A_3(15),A_6(15)$.生成数最大的素星形是$A_6(15)$,那么$A_6(15)$就称为15边单折边极位星形,参见图26.1.

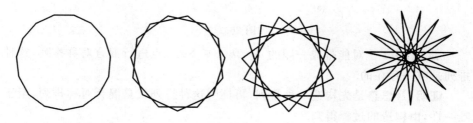

图 26.1

容易验证:n边单折边极位星形$A_r(n)$的自交数是$\dfrac{n(n-3)}{2}$,它是n边闭折线自交数达到最大值的几何模型.

当n为偶数时,n边闭折线自交数达到最大值的几何模型是什么呢?下面着重解决这个问题.

先引入对称点的概念.

定义 26.2 对于能排成一圈的$n=2k(k\in \mathbf{N})$个点$A_1,A_2,\cdots,A_n$,若线段A_iA_j的两侧的点数相同(均有$\dfrac{n}{2}-1=k-1$个点),则称点A_i与点A_j是一组对称点,称线段A_iA_j是这个圈的一条直径.

显然,$2k$个点共有k条直径.

定义 26.3 对于能排成一圈的$n=2k(k\in \mathbf{N},k>2)$个点$A_1,A_2,\cdots,A_n$,把其中某一个点标号为$A_1$,从$A_1$开始,按一定的方向(顺时针或逆时针)每隔$\dfrac{n}{2}-2=k-2$个点依次标号为$A_2,A_3,\cdots,A_k$(显然这$k$个点中任意两点的连线不是直径),再将$A_k,A_{k-1},\cdots,A_1$的对称点分别标号为$A_{k+1},A_{k+2},\cdots,A_n$,这种环状排列方式(连同标号在内),称为$n$个点的混合对称排列.

例如,图26.2(a)(b)分别是$n=8$和$n=10$的混合对称排列.图中为方便计算,把圈干脆画成一个圆,把A_i简写为i,以下同.

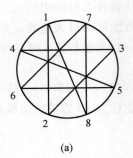 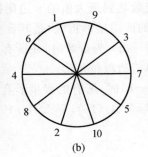

(a)　　　　　　　　(b)

图 26.2

定理 26.1 对能排成一圈的 $n=2k(k\in \mathbf{N})$ 个点进行混合对称排列,这种排列是唯一存在的.

证明 思路是先构造一种排列,再证明这种排列就是混合对称排列,至于唯一性,由构造的过程得知.

分两种情形如下:

情形 1:当 $n=2k=4m$ ($m\in \mathbf{N}$)时,构造这种排列分三个步骤:

第一步,在圆上取 $2m-1$ 个点(点与点之间的弧线距离可不作要求,但要大致均匀分布在同一圆上),从其中某一个点开始,沿一定的方向(顺时针或逆时针)按生成数 $r=\dfrac{(2m-1)-3}{2}=m-2$(这个生成数就是 $2m-1$ 边单折边极位星形折线的生成数)依次将这些点标号为 $A_1,A_2,\cdots,A_{2m-1}$,联结 $A_1A_2,A_2A_3,\cdots,A_{2m-2}A_{2m-1}$,(注意:这时由单折边极位星形折线的结构特征可知,点 A_1 与点 A_{2m-2} 是"相邻"的两点,即圆上没有别的点把它们隔开)如图 26.3(a),其中 $m=3$,则 $2m-1=5$.

第二步,在劣弧 A_1A_{2m-2} 上取一点,标号为 A_{2m},这时点 $A_1,A_2,\cdots,A_{2m}$ 把圆分成 $2m$ 条弧段,如图 26.3(b).

第三步,按如下规则插入新的 $2m$ 个点,并对它们这样标号:

(1) 在劣弧 A_1A_{2m} 上不取点;

(2) 在劣弧 A_2A_{2m-1} 上取两个点,标号为 A_{4m},A_{2m+1},且使线段 A_1A_{4m} 与 $A_{2m}A_{2m+1}$ 在圆内相交(用虚线表示);

(3) 在其余的 $2m-2$ 条弧段上各插入一个点,将圆周角 $\angle A_{i-1}A_iA_{i+1}$ ($i=2,3,\cdots,2m-1$) 所对弧上的那一个点标号为 A_j,且使 $i+j=4m+1$,如图 26.3(c),其中点 $A_j(j=2m+1,2m+2,\cdots,4m)$ 画成空心点.

这样就构造了关于 $n=2k=4m$ 个点的一种环状排列.

下面的任务是证明上述环状排列就是混合对称排列,即证明这种排列符合下列两个条件:

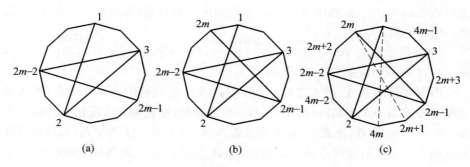

图 26.3

① 点 A_i 与点 $A_j(i=1,2,\cdots,2m, j=2m, 2m+1,\cdots,4m, i+j=4m+1)$ 是对称点;

② 点 A_i 与点 $A_{i+1}(i=1,2,\cdots,2m-1)$ 之间相隔 $\dfrac{n-2}{2}=\dfrac{4m-4}{2}=2m-2$ 个点.

证明 分三种情况:

(ⅰ) 先看点 A_1 与点 A_{4m} 的对称性. 因为在新的点 A_j 插入之前,在封闭的 $2m-1$ 边单折边极位星形中(生成数为 $m-2$),点 A_{2m-1} 与点 A_1 是邻接点,所以点 A_{2m-1} 与点 A_1 之间相隔 $m-2$ 个点(图 26.4(a)),而这 $m-2$ 个点把圆分成的 $m-1$ 条弧段上分别插入了一个点,共插入了 $m-1$ 个点;另外,由规则可知,点 A_{2m} 和点 A_{2m+1} 必在线段 A_1A_{4m} 的异侧(因为连线段 A_1A_{4m} 与 $A_{2m}A_{2m+1}$ 在圆内相交),即点 A_{4m} 与点 A_{2m-1} 之间相隔 1 个点,如图 26.4(b) 所示. 这样,连同点 A_{2m+1},A_{2m-1} 算在内,点 A_1 与点 A_{4m} 之间共计相隔 $(m-2)+(m-1)+1+1=2m-1=\dfrac{n}{2}-1$ 个点,这说明点 A_1 与点 A_{4m} 是一组对称点.

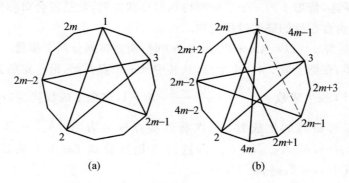

图 26.4

(ⅱ) 再看点 A_{2m} 与点 A_{2m+1} 的对称性. 由于线段 A_1A_{4m} 是圆的一条直径,而线段 $A_{2m}A_{2m+1}$ 与 A_1A_{4m} 相交于圆内,且点 A_1 与点 A_{2m},点 A_{2m+1} 与点 A_{4m} 在圆

上分别相隔 0 个点,故线段 $A_{2m}A_{2m+1}$ 也是圆的一条直径,即点 A_{2m} 与点 A_{2m+1} 也是一组对称点.

(ⅲ) 最后看点 A_i 与点 $A_j (i=2,3,\cdots,2m-1, j=2m+2, 2m+3, \cdots, 4m-1, i+j=4m+1)$ 的对称性.

因为在新的点 A_j 插入之前,点 A_i 与点 A_{i+1} 之间相隔 $m-2$ 个点,把劣弧 A_iA_{i+1} 分成 $m-1$ 个弧段(图 26.5 (a)),依规则,在这 $m-1$ 段弧上共插入了 $m-1+1=m$ 个点(注意:这是因为劣弧 A_2A_{2m-1} 上插入了两个点,而其余弧段上各插入一个点),连同点 A_{i+1} 算在内,点 A_i 与点 A_{i+1} 之间共计相隔 $(m-2)+m+1=2m-1=\dfrac{n}{2}-1$ 个点. 这说明点 A_i 与点 A_{i+1} 是一组对称点. (图 26.5 (b))

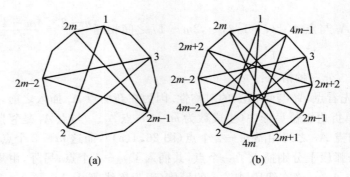

图 26.5

证明点 A_i 与点 A_{i+1} 之间相隔 $\dfrac{n-4}{2}=\dfrac{4m-4}{2}=2m-2$ 个点(指圆的劣弧上),这一情况已由上述证明过程得到确认.

综上所述,情形 1 的三个步骤所得到的环状排列,就是混合对称排列. 至于其唯一性,由存在性的证明过程便知.

情形 2:当 $n=2k=4m+2 (m\in \mathbf{N})$ 时,构造排列分两个步骤.

第一步,在圆上取 $2m+1$ 个点,从其中某一个点开始,沿一定的方向(顺时针或逆时针)按生成数 $r=\dfrac{(2m+1)-3}{2}=m-1$(这个生成数就是 $2m+1$ 边单折边极位星形折线的生成数)依次将这些点标号为 $A_1, A_2, \cdots, A_{2m+1}$,联结 $A_1A_2, A_2A_3, \cdots, A_{2m}A_{2m+1}, A_{2m+1}A_1$,这时点把圆分成 $2m+1$ 条弧段,如图 26.6(a),其中 $m=2$,则 $2m+1=5$.

第二步,将圆周角 $\angle A_{i-1}A_iA_{i+1}(i=1,2,3,\cdots,2m+1)$(约定 A_0 就是 A_{2m+1},A_{2m+2} 就是 A_1)所对弧上分别插入新的 $2m+1$ 个点,记为 $A_j(j=2m+2, 2m+3, \cdots, 4m+2$,且使 $i+j=4m+3)$,如图 26.6(b),其中 A_j 画成空心点.

这样就构造了关于 $n=2k=4m+2$ 个点的一种环状排列.类似于情形 1,可以证明这种环状排列就是混合对称排列.

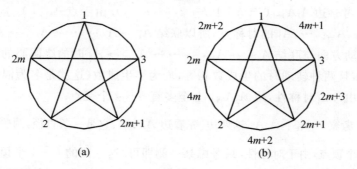

图 26.6

上面的定理介绍了什么是混合对称排列.下面我们建立混折边对称星形的概念.

定义 26.4 $n=2k$ 个点 $A_1,A_2,\cdots,A_{2k}$ 成混合对称排列,按如下序号的次序联结

$$A_1 \to A_2 \to \cdots \to A_k \to \cdots \to A_{2k} \to A_1$$

这样生成的星形折线称为混折边对称星形.记为 $A_r(n=2k)$,其中 $r=k-2=\dfrac{n-4}{2}$ 称为混折边对称星形 $A_r(n=2k)$ 的半生成数.

图 26.7(a) 是 $n=20$ 的混折边对称星形折线($n=2k=4m$ 型),图 26.7(b) 是 $n=20$ 的混折边对称星形($n=2k=4m+2$ 型).

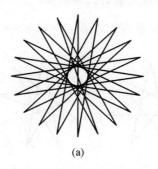 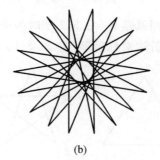

(a) (b)

图 26.7

定理 26.2 $n=2k$ 边混折边对称星形 $A_r(n=2k)$ 的自交数为 $\dfrac{n(n-4)}{2}+1$.

证明 在半生成数为 $r=k-2$ 的 $n=2k$ 边混折边对称星形中,将所有的边分为三类,分别考察边上的自交点的个数.

（ⅰ）考察边 $A_iA_{i+1}(i=1,2,\cdots,k-1)$.由于点 A_i 与点 A_{i+1} 相隔 $k-2$ 个点,而这 $k-2$ 个点的序号与点 A_i 的序号数不相等,且互不相邻(否则与半生成

数为 $r=k-2$ 矛盾),其中每一点引出两边与边 A_iA_{i+1} 相交于两点,最多共可得 $2(k-2)=n-4$ 个交点.

(ii)考察边 $A_jA_{j+1}(j=k+1,k+2,\cdots,n-1)$.由于点 $A_{k+1},A_{k+2},\cdots,A_n$ 分别是点 $A_k,A_{k-1},\cdots,A_1$ 的对称点,所以联结 $A_1\to A_2\to\cdots\to A_{k-1}\to A_k$ 时的绕圆心的转动方向与联结 $A_{k+1}\to A_{k+2}\to\cdots\to A_{n-1}\to A_n$ 时的绕圆心的转动方向正好相反,且两种转动时的生成数相等,均为半生成数(这就是名为混折边对称星形的缘由).由对称性,边 A_jA_{j+1} 上至多有 $n-4$ 个交点.

(iii)考察 A_kA_{k+1},A_nA_1 这两边.先看边 A_kA_{k+1},它是一条直径,两侧均有 $\frac{n}{2}-1=k-1$ 个顶点,由于对称性,只考虑某一侧即可.这一侧的 $k-1$ 个顶点共引出 $2(k-1)$ 条边,但有且只有一条边 $A_{k-1}A_k$(或 $A_{k+1}A_{k+2}$)与 A_kA_{k+1} 邻接(理由同(i),考虑生成数即可),所以边 A_kA_{k+1} 上有 $2(k-1)-1=2k-3$ 个交点.

综上所述,非直径的边 A_kA_{k+1}(共有 $n-2$ 条)上共有 $(n-2)(n-4)$ 个交点,是直径的边(共有两条)共有 $2(n-3)$ 个交点,但每个交点均被重复计算了一次,所以 n 边混折边对称星形的自交数为
$$\frac{(n-2)(n-4)+2(n-3)}{2}=\frac{n(n-4)}{2}+1$$

命题得证.

因此,当 n 为偶数时,n 边混折边对称星形 $A_r(n=2k)$ 的自交数是 $\frac{n(n-4)}{2}+1$,它就是 n 边闭折线自交数达到最大值的几何模型.

下面就是 $n=3,5,7,9$ 时的单折边极位星形(图 26.8(a))和 $n=4,6,8,10$ 时的混折边对称星形(图 26.8(b)).

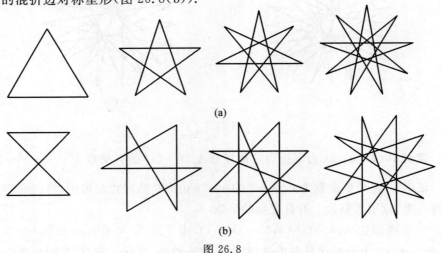

图 26.8

§27　平面闭折线的面积

在 §9 中，我们将正五角星从一个自交点处分离，得到一个三角形和一个凹四边形，并把这个三角形和凹四边形的面积之和定义为正五角星的面积.

这种方法具有一般性吗？有自交点的平面闭折线的面积如何定义？下面我们就来讨论这个问题.

先看三角形面积公式.

在平面解析几何中，我们知道：

如果 $\triangle A_1A_2A_3$ 三个顶点的直角坐标分别为 $A_1(x_1,y_1)$，$A_2(x_2,y_2)$，$A_3(x_3,y_3)$，那么，它的有向面积

$$\bar{\Delta}(A_1A_2A_3) = \frac{1}{2} \begin{vmatrix} x_1 & x_2 & x_3 \\ y_1 & y_2 & y_3 \\ 1 & 1 & 1 \end{vmatrix}$$

并且当三角形的三个顶点 A_1,A_2,A_3（即行走方向为 $A_1 \to A_2 \to A_3$）按逆时针方向排列时称为正向三角形，$\bar{\Delta}(A_1A_2A_3)$ 的值是正数，否则 $\triangle A_1A_2A_3$ 是负向三角形，$\bar{\Delta}(A_1A_2A_3)$ 的值是负数.

注意到

$$\bar{\Delta}(A_1A_2A_3) = \frac{1}{2} \begin{vmatrix} x_1 & y_1 & 1 \\ x_2 & y_2 & 1 \\ x_3 & y_3 & 1 \end{vmatrix} = \frac{1}{2}\left(\begin{vmatrix} x_1 & x_2 \\ y_1 & y_2 \end{vmatrix} + \begin{vmatrix} x_2 & x_3 \\ y_2 & y_3 \end{vmatrix} + \begin{vmatrix} x_3 & x_1 \\ y_3 & y_1 \end{vmatrix} \right)$$

所以我们按类似的方法来定义一般平面闭折线的有向面积的概念如下：

定义 27.1　设平面闭折线 $A(n)$ 的顶点 A_i 的直角坐标为 (x_i,y_i)（$i=1,2,\cdots,n$），那么式子

$$\frac{1}{2}\sum_{i=1}^{n} \begin{vmatrix} x_i & x_{i+1} \\ y_i & y_{i+1} \end{vmatrix} \tag{*}$$

的值称为平面闭折线 $A(n)$ 的有向面积，记作 $\bar{\Delta}A(n)$（或 $\bar{\Delta}(A_1A_2\cdots A_nA_1)$），其中 x_{n+1},y_{n+1} 分别为 x_1,y_1.

平面闭折线的行走方向为 $A_1 \to A_2 \to \cdots \to A_n \to A_1$. 平面闭折线如果有走向，那么这条平面闭折线就是有向平面闭折线，因此，所谓平面闭折线的有向面积，实际上就是有向平面闭折线的有向面积，因此用符号写出就是：$\bar{\Delta}A(n) = \bar{\Delta}\vec{A}(n)$. 对于无向平面闭折线 $A(n)$，其面积是对应的有向平面闭折线有向面积

的绝对值,即
$$S_{A(n)}=|\bar{\Delta}A(n)|=|\Delta\bar{A}(n)|$$
我们用这一面积定义来计算正五角星的面积.

参看图 27.1,正五角星 $A_1A_2A_3A_4A_5$ 内接于半径为 R 的圆 O,则

$A_1(R,0)$

$A_2(R\cos 144°, R\sin 144°)$

$A_3(R\cos 288°, R\sin 288°)$

$A_4(R\cos 432°, R\sin 432°)$

$A_5(R\cos 576°, R\sin 576°)$

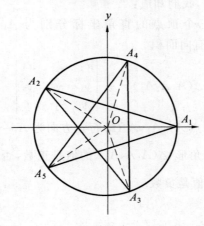

图 27.1

所以

$\bar{\Delta}(A_1A_2A_3A_4A_5)=$

$\frac{1}{2}\left(\left|\begin{matrix}x_1 & x_2 \\ y_1 & y_2\end{matrix}\right|+\left|\begin{matrix}x_2 & x_3 \\ y_2 & y_3\end{matrix}\right|+\left|\begin{matrix}x_3 & x_4 \\ y_3 & y_4\end{matrix}\right|+\left|\begin{matrix}x_4 & x_5 \\ y_4 & y_5\end{matrix}\right|+\left|\begin{matrix}x_5 & x_1 \\ y_5 & y_1\end{matrix}\right|\right)=$

$\frac{1}{2}R^2\left(\left|\begin{matrix}1 & \cos 144° \\ 0 & \sin 144°\end{matrix}\right|+\left|\begin{matrix}\cos 144° & \cos 288° \\ \sin 144° & \sin 288°\end{matrix}\right|+\left|\begin{matrix}\cos 288° & \cos 432° \\ \sin 288° & \sin 432°\end{matrix}\right|+\right.$

$\left|\begin{matrix}\cos 432° & \cos 576° \\ \sin 432° & \sin 576°\end{matrix}\right|+\left.\left|\begin{matrix}\cos 576° & 1 \\ \sin 576° & 0\end{matrix}\right|\right)=$

$\frac{1}{2}R^2\left(\left|\begin{matrix}1 & -\cos 36° \\ 0 & \sin 36°\end{matrix}\right|+\left|\begin{matrix}-\cos 36° & \sin 18° \\ \sin 36° & -\cos 18°\end{matrix}\right|+\left|\begin{matrix}\sin 18° & \sin 18° \\ -\cos 18° & \cos 18°\end{matrix}\right|+\right.$

$\left|\begin{matrix}\sin 18° & -\cos 36° \\ \cos 18° & -\sin 36°\end{matrix}\right|+\left.\left|\begin{matrix}-\cos 36° & 1 \\ -\sin 36° & 0\end{matrix}\right|\right)=$

$\frac{1}{2}R^2(\sin 36°+\cos 54°+\sin 36°+\cos 54°+\sin 36°)=$

$\frac{5}{2}R^2\sin 36°$

这与 §9 的计算结果完全一致.

由上面的定义,很容易得到关于平面闭折线面积的一个重要性质.

定理 27.1 对于平面闭折线所在平面内的任意一点 O,有

$$\bar{\Delta}A(n) = \sum_{i=1}^{n} \bar{\Delta}(OA_i A_{i+1})$$

其中 A_{n+1} 为 A_1.

证明 因为

$$\bar{\Delta}(OA_i A_{i+1}) = \frac{1}{2}\left(\begin{vmatrix} 0 & x_i \\ 0 & y_i \end{vmatrix} + \begin{vmatrix} x_i & x_{i+1} \\ y_i & y_{i+1} \end{vmatrix} + \begin{vmatrix} x_{i+1} & 0 \\ y_{i+1} & 0 \end{vmatrix}\right) = \frac{1}{2}\begin{vmatrix} x_i & x_{i+1} \\ y_i & y_{i+1} \end{vmatrix}$$

所以

$$\bar{\Delta}A(n) = \frac{1}{2}\sum_{i=1}^{n}\begin{vmatrix} x_i & x_{i+1} \\ y_i & y_{i+1} \end{vmatrix} = \sum_{i=1}^{n} \bar{\Delta}(OA_i A_{i+1})$$

推论 将有向平面闭折线 $\bar{A}(n)$ 在自交点 T 处分离,得到两条有向平面闭折线 $\bar{A}_1(n)$ 和 $\bar{A}_2(n)$,则 $\bar{\Delta}\bar{A}(n) = \bar{\Delta}\bar{A}_1(n) + \bar{\Delta}\bar{A}_2(n)$.

证明 设有向平面闭折线 $\bar{A}(n)$ 有自交点 T,$\bar{A}(n)$ 的顶点 $A_{i_1}, A_{i_2}, \cdots, A_{i_k}$ 和 $A_{i_{k+1}}, A_{i_{k+2}}, \cdots, A_{i_n}$ 分别在子平面闭折线 $\bar{A}_1(n)$ 和 $\bar{A}_2(n)$ 上. 于是有

$$\bar{\Delta}\bar{A}(n) = \sum_{i=1}^{n}\bar{\Delta}(TA_i A_{i+1}) = \sum_{p=1}^{k}\bar{\Delta}(TA_{i_p}A_{i_{p+1}}) + \sum_{p=k+1}^{n}\bar{\Delta}(TA_{i_p}A_{i_{p+1}}) =$$
$$\bar{\Delta}\bar{A}_1(n) + \bar{\Delta}\bar{A}_2(n)$$

由于平面闭折线的自交数是有限的,且对它分离一次至少减少一个自交点,所以对平面闭折线分离有限次后,总能得到有限条简单平面闭折线,因此我们可以得到平面闭折线有向面积的又一个定义:

定义 27.2 平面闭折线在某种分离下所有分离子平面闭折线的有向面积的代数和,称为这条平面闭折线的有向面积.

这里把有向平面闭折线分离成其子多边形来求有向面积.用这样的方式来定义有向平面闭折线的有向面积,既符合人们的习惯,又便于理解与掌握.

§9 中计算正五角星的面积,就是本节定义 27.2 的一个运用.

例 1 利用定理 27.1 计算外接圆半径为 R 的正五角星的面积.

解 如图 27.2 所示,给正五角星 $A_1A_2A_3A_4A_5$ 一个(行走)方向,则

$$\bar{\Delta}(A_1A_2A_3A_4A_5) = \bar{\Delta}(A_1OA_2) + \bar{\Delta}(A_2OA_3) + \bar{\Delta}(A_3OA_4) +$$
$$\bar{\Delta}(A_4OA_5) + \bar{\Delta}(A_5OA_1) =$$

$$5 \cdot \Delta(A_1 O A_2) = \frac{5}{2} R^2 \sin 144° = \frac{5}{2} R^2 \sin 36°$$

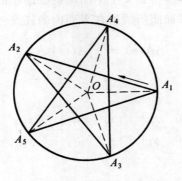

图 27.2

例 2 如图 27.3，一个正五角星薄片(其对称轴与水面垂直)匀速地升出水面，记 t 时刻五角星露出水面部分的图形面积为 $S(t)$ ($S(0)=0$)，则导函数 $y = S'(t)$ 的图像大致为(   ).

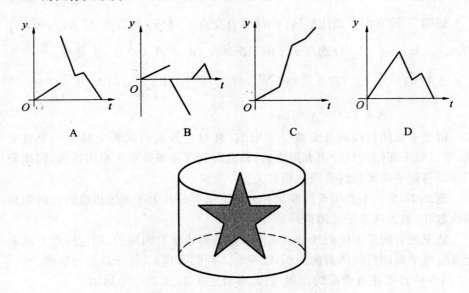

图 27.3

解 最初零时刻和最后终点时刻没有变化，导数取零，排除 C，总面积已知保持增加，没有负的变量，排除 B，考查 A，D 的差异在于两肩位置的改变是否平滑，考虑到导数的意义，判断此时面积改为突变，产生中断，选 A.

§28 平面闭折线"两边夹角"的面积公式

众所周知,三角形的面积公式有两边夹角的形式

$$S_{\triangle ABC} = \frac{1}{2}bc\sin A = \frac{1}{2}ca\sin B = \frac{1}{2}ab\sin C$$

对于平面闭折线 $A(n)$,其有向面积公式是否有类似的"两边夹角"的形式呢?

回答是肯定的.

引理 28.1 设有向平面闭折线 $\overline{A}(n)$ 在顶点 A_k 处的折角为 φ_k($k=1,2,\cdots,n$),边 $\overline{A_iA_{i+1}}$ 为 a_i,$\angle(a_i \to a_j)$ 表示边 a_i 到边 a_j 所成的有向角,那么 $\angle(a_i \to a_j) = \varphi_{i+1} + \varphi_{i+2} + \cdots + \varphi_j$.

证明 以有向平面闭折线 $\overline{A}(n)$ 的边 $\overline{A_iA_{i+1}}$ 所在直线为 x 轴,且点 A_i 重合于原点,记 $\theta_k = \angle(a_i \to a_j)$,其中 $k = j-i+1$(也就是从边 a_i 算起到边 a_j 共有 k 条边,且 $2 \leqslant k \leqslant n$).

以下用数学归纳法证明:

(1) 当 $k=2$ 时,边 $\overline{A_1A_2} = a_1$ 到边 $\overline{A_2A_3} = a_2$ 所在的角为 θ_2,由 $k = j-i+1 = 2$ 知 $j = i+1$,所以,这就是说,$\theta_2 = \angle(a_1 \to a_2) = \varphi_2$,命题成立;

(2) 假设当 $k = p$($2 \leqslant p \leqslant n$)时,$\theta_k = \angle(a_i \to a_j) = \varphi_{i+1} + \varphi_{i+2} + \cdots + \varphi_j$ 成立,过点 A_{p+1} 作射线 $A_{p+1}X \parallel \overline{A_iA_{i+1}}$,参见图 28.1,即有

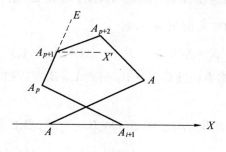

图 28.1

$$\angle(\overline{A_iA_{i+1}} \to \overline{A_jA_{j+1}}) = \angle(\overline{A_{p+1}X_1} \to \overline{A_{p+1}E}) = \varphi_{i+1} + \varphi_{i+2} + \cdots + \varphi_j$$

那么,当 $k = p+1$ 时,就有

$$\theta_{k+1} = \angle(\overline{A_iA_{i+1}} \to \overline{A_{p+1}A_{p+2}}) = \angle(\overline{A_{p+1}X} \to \overline{A_{p+1}A_{p+2}}) =$$
$$\angle(\overline{A_{p+1}X} \to \overline{A_{p+1}E}) + \angle(\overline{A_{p+1}E} \to \overline{A_{p+1}A_{p+2}}) =$$
$$(\varphi_{i+1} + \varphi_{i+2} + \cdots + \varphi_j) + \varphi_{j+1}$$

这就是说,当 $k=p+1$ 时,命题也成立.

由以上(1)(2)可知,引理得证.

引理 28.2 有向 $\triangle A_i A_{i+1} B_{i+1}$ 的有向面积为
$$\bar{\Delta}(A_i A_{i+1} B_{i+1}) = \frac{1}{2} a_i a_j \sin \angle (a_i \to a_j)$$

其中 $a_i = \overline{A_i A_{i+1}}, a_j = \overline{A_{i+1} B_{i+1}}$.

证明 有向 $\triangle A_i A_{i+1} B_{i+1}$ 或者是正向的(图 28.2(a)),或者是负向的(图 28.2(b)). 在正向三角形中,$\angle A_i A_{i+1} B_{i+1}$,$\angle A_{i+1} B_{i+1} A_i$,$\angle B_{i+1} A_i A_{i+1}$ 为正角,在负向三角形中,$\angle A_i A_{i+1} B_{i+1}$,$\angle A_{i+1} B_{i+1} A_i$,$\angle B_{i+1} A_i A_{i+1}$ 为负角,在这两种情况下,都有
$$\bar{\Delta}(A_i A_{i+1} B_{i+1}) = \frac{1}{2} A_i A_{i+1} \cdot A_{i+1} B_{i+1} \cdot \sin \angle (\overline{A_i A_{i+1}} \to \overline{A_{i+1} B_{i+1}}) =$$
$$\frac{1}{2} a_i a_j \sin \angle (a_i \to a_j)$$

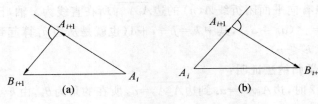

图 28.2

引理 28.3 有向线段 $\overline{A_1 B_1}$ 在平面内作闭合初等运动(平移或旋转),它从位置 $\overline{A_1 B_1}$ 起,依次到达 $\overline{A_2 B_2}, \overline{A_3 B_3}, \cdots, \overline{A_n B_n}$ 等位置,最后回到位置 $\overline{A_1 B_1}$,它在此过程中扫出来的有向面积为 $\bar{S}$,则
$$\bar{S} = \bar{\Delta}(B_1 B_2 \cdots B_n) - \bar{\Delta}(A_1 A_2 \cdots A_n)$$

证明 首先考察有向线段从 $\overline{A_i B_i}$ 扫到 $\overline{A_{i+1} B_{i+1}}$ 所扫出来的有向面积(图 28.3)
$$\bar{\Delta}(A_i B_i B_{i+1} A_{i+1}) = \bar{\Delta}(OA_i B_i) + \bar{\Delta}(OB_i B_{i+1}) +$$
$$\bar{\Delta}(OB_{i+1} A_{i+1}) + \bar{\Delta}(OA_{i+1} A_i) =$$
$$[\bar{\Delta}(OB_i B_{i+1}) - \bar{\Delta}(OA_i A_{i+1})] +$$
$$[\bar{\Delta}(OA_i B_i) - \bar{\Delta}(OA_{i+1} B_{i+1})]$$

所以
$$\bar{S} = \sum_{i=1}^{n} \bar{\Delta}(A_i B_i B_{i+1} A_{i+1}) =$$

$$\sum_{i=1}^{n}\bar{\Delta}(OB_iB_{i+1}) - \sum_{i=1}^{n}\bar{\Delta}(OA_iA_{i+1}) +$$

$$\sum_{i=1}^{n}[\bar{\Delta}(OA_iB_i) - \bar{\Delta}(OA_{i+1}B_{i+1})]$$

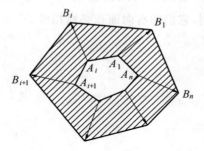

图 28.3

注意到

$$\sum_{i=1}^{n}\bar{\Delta}(OB_iB_{i+1}) = \bar{\Delta}(B_1B_2\cdots B_n)$$

$$\sum_{i=1}^{n}\bar{\Delta}(OA_iA_{i+1}) = \bar{\Delta}(A_1A_2\cdots A_n)$$

$$\sum_{i=1}^{n}[\bar{\Delta}(OA_iB_i) - \bar{\Delta}(OA_{i+1}B_{i+1})] = 0$$

所以

$$\bar{S} = \sum_{i=1}^{n}\bar{\Delta}(A_iB_iB_{i+1}A_{i+1}) = \bar{\Delta}(B_1B_2\cdots B_n) - \bar{\Delta}(A_1A_2\cdots A_n)$$

引理 28.4 平面内任意的 $m+1$ 个点 $A_1, A_2, \cdots, A_m$ 和 B_m，设

$$\overline{A_iA_{i+1}} = a_i(i=1,2,3,\cdots,m-1), \overline{A_mB_m} = a_m$$

则

$$\bar{\Delta}(A_1A_mB_m) = \sum_{i=1}^{m-1}\bar{\Delta}(a_i, a_m)$$

其中 $\bar{\Delta}(a_i, a_m)$ 表示两条有向线段 $\overline{A_iA_{i+1}}$ 与 $\overline{A_mB_m}$ 所确定的有向三角形的有向面积，而所谓 $\overline{A_iA_{i+1}}$ 与 $\overline{A_mB_m}$ 所确定的有向三角形是指将 $\overline{A_mB_m}$ 平移到 $\overline{A_{i+1}B_{i+1}}$ 所得到的有向三角形 $A_iA_{i+1}B_{i+1}$（图 28.4）.

证明 首先，在平面内另选 $m-1$ 个点 $B_1, B_2, \cdots, B_{m-1}$，且满足

$$\overline{A_1B_1} = \overline{A_2B_2} = \cdots = \overline{A_{m-1}B_{m-1}} = \overline{A_mB_m}$$

再考虑有向线段 $\overline{A_1B_1}$ 的闭合平移运动，即 $\overline{A_1B_1}$ 经过 $\overline{A_2B_2}, \cdots, \overline{A_{m-1}B_{m-1}}$，$\overline{A_mB_m}$ 等位置，再回到 $\overline{A_1B_1}$ 位置（图 28.5），由引理 28.3 知

$$\sum_{i=1}^{m} \bar{\Delta}(A_i B_i B_{i+1} A_{i+1}) = \bar{\Delta}(B_1 B_2 \cdots B_m) - \bar{\Delta}(A_1 A_2 \cdots A_m)$$

上面等式的右端显然为 0. 事实上，因为所有的有向线段 $\overline{A_i B_i}$ ($i=1,2,3,\cdots,m$) 都相等，所以，有向平面闭折线 $\overline{B_1 B_2 \cdots B_m B_1}$ 可由有向平面闭折线 $\overline{A_1 A_2 \cdots A_m A_1}$ 平移得到，它们的有向面积必然相等.

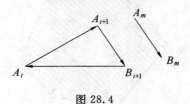

图 28.4

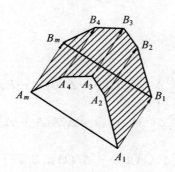

图 28.5

而在等式左端中，$A_i B_i B_{i+1} A_{i+1}$ 表示一个有向平行四边形，其中有两条边 $\overline{A_i B_i}$，$\overline{A_{i+1} B_{i+1}}$ 相等的向量，图 28.6(a) 中平行四边形周围的箭头表示有向平行四边形的走向，边 $\overline{A_i B_i}$，$\overline{A_{i+1} B_{i+1}}$ 上的箭头表示

$$\overline{A_i B_i} = \overline{A_{i+1} B_{i+1}} \quad (i=1,2,3,\cdots,m-1)$$

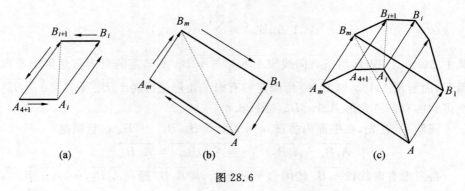

图 28.6

因此

第 3 章　一般折线论

$$\bar{\Delta}(A_iB_iB_{i+1}A_{i+1}) = -\bar{\Delta}(A_iA_{i+1}B_{i+1}B_i) = -2\bar{\Delta}(A_iA_{i+1}B_{i+1}) \text{(图 28.6(a)(c))}$$

且

$$\bar{\Delta}(A_mB_mB_1A_i) = \bar{\Delta}(A_1A_mB_mB_1) = 2\bar{\Delta}(A_1A_mB_m) \text{(图 28.6(b)(c))}$$

所以

$$\bar{\Delta}(A_1B_1B_2A_2) + \bar{\Delta}(A_2B_2B_3A_3) + \cdots + \bar{\Delta}(A_{m-1}B_{m-1}B_mA_m) + \bar{\Delta}(A_mB_mB_1A_1) = -2\bar{\Delta}(A_1A_2B_2) - 2\bar{\Delta}(A_2A_3B_3) - \cdots - 2\bar{\Delta}(A_{m-1}A_mB_m) + 2\bar{\Delta}(A_1A_mB_m) = 0$$

由 $\overline{A_iB_i} = \overline{A_{i+1}B_{i+1}}$ 知

$$\bar{\Delta}(A_iA_{i+1}B_{i+1}) = \bar{\Delta}(a_i, a_m) \quad (i=1,2,3,\cdots,m-1)$$

所以

$$\bar{\Delta}(A_1A_mB_m) = \bar{\Delta}(A_1A_2B_2) + \bar{\Delta}(A_2A_3B_3) + \cdots + \bar{\Delta}(A_{m-1}A_mB_m) = \sum_{i=1}^{m-1} \bar{\Delta}(a_i, a_m)$$

其中 $i = 1, 2, 3, \cdots, m-1$.

有了以上准备,我们给出如下定理:

定理 28.1　设 n 边有向平面闭折线 $A_1A_2\cdots A_nA_1$ 的边 $\overline{A_iA_{i+1}} = a_i (i=1,2,3,\cdots,n)$,顶点 A_i 处的折角为 φ_i,则

$$\bar{\Delta}(A_1A_2\cdots A_n) = \frac{1}{2} \sum_{i=1}^{n-2} \sum_{i<j\leqslant n-1} a_ia_j \sin \angle(a_i \to a_j)$$

其中 $\angle(a_i \to a_j) = \varphi_{i+1} + \varphi_{i+2} + \cdots + \varphi_j$.

证明　由平面闭折线的有向面积的定义,知

$$\bar{\Delta}(A_1A_2\cdots A_n) = \bar{\Delta}(A_1A_2A_3) + \bar{\Delta}(A_1A_3A_4) + \bar{\Delta}(A_1A_4A_5) + \cdots + \bar{\Delta}(A_1A_{n-1}A_n)$$

参见图 28.7.

在引理 28.4 中将 B_m 换成 A_{m+1},则

$$\bar{\Delta}(A_1A_mA_{m+1}) = \sum_{i=1}^{m-1} \bar{\Delta}(a_i, a_m)$$

当 $m = 2, 3, 4, \cdots, n-1$ 时,就有

143

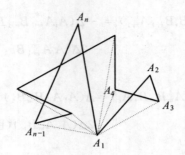

图 28.7

$$\bar{\Delta}(A_1A_2A_3) = \bar{\Delta}(a_1,a_2)$$

$$\bar{\Delta}(A_1A_3A_4) = \bar{\Delta}(a_1,a_3) + \bar{\Delta}(a_2,a_3)$$

$$\bar{\Delta}(A_1A_4A_5) = \bar{\Delta}(a_1,a_4) + \bar{\Delta}(a_2,a_4) + \bar{\Delta}(a_3,a_4)$$

$$\vdots$$

$$\bar{\Delta}(A_1A_{n-1}A_n) = \bar{\Delta}(a_1,a_{n-1}) + \bar{\Delta}(a_2,a_{n-1}) + \cdots + \bar{\Delta}(a_{n-2},a_{n-1})$$

将上列等式相加,并适当交换位置,有

$$\bar{\Delta}(A_1A_2\cdots A_n) = \bar{\Delta}(a_1,a_2) + \bar{\Delta}(a_1,a_3) + \bar{\Delta}(a_1,a_4) + \cdots + \bar{\Delta}(a_1,a_{n-1}) +$$
$$\bar{\Delta}(a_2,a_3) + \bar{\Delta}(a_2,a_4) + \cdots + \bar{\Delta}(a_2,a_{n-1}) +$$
$$\bar{\Delta}(a_3,a_4) + \cdots + \bar{\Delta}(a_3,a_{n-1}) + \cdots +$$
$$\bar{\Delta}(a_{n-2},a_{n-1}) =$$
$$\sum_{i=1}^{n-2}\sum_{i<j\leqslant n-1}\bar{\Delta}(a_i,a_j)$$

再由引理 28.2 知

$$\bar{\Delta}(a_i,a_j) = \frac{1}{2}a_ia_j\sin\angle(a_i \to a_j)$$

所以

$$\bar{\Delta}(A_1A_2\cdots A_n) = \frac{1}{2}\sum_{i=1}^{n-2}\sum_{i<j\leqslant n-1}a_ia_j\sin\angle(a_i \to a_j)$$

定理得证.

例 1 平面内有 $2m$ 个点 $A_1,A_2,\cdots,A_m,A_{m+1},\cdots,A_{2m-1},A_{2m}(m \geqslant 2, m \in \mathbf{N})$,点 A_i 与点 $A_{2m-i+2}(i=1,2,\cdots,m)$ 关于点 O 对称,有向线段 $\overline{A_iA_{i+1}}$ 与 $\overline{A_{m-i+1}A_{m-i+2}}$ 方向相反,那么,有向平面闭折线 $A_1A_2\cdots A_{2m}A_1$ 的面积为 0.

证明 根据题意,有

$$\bar{\Delta}(A_1A_2\cdots A_{2m}) = \sum_{i=1}^{2m}\bar{\Delta}(OA_iA_{i+1}) = \sum_{i=1}^{m}\bar{\Delta}(OA_iA_{i+1}) +$$
$$\sum_{i=1}^{m}\bar{\Delta}(OA_{2m-i+1}A_{2m-i+2})$$

因为点 A_i 与点 $A_{m-i+1}(i=1,2,\cdots,m)$ 关于点 O 对称，$\overline{A_iA_{i+1}}$ 与 $\overline{A_{2m-i+1}A_{2m-i+2}}$ 方向相反，所以

$$\bar{\Delta}(OA_iA_{i+1}) + \bar{\Delta}(OA_{2n-i+1}A_{2m-i+2}) = 0$$

所以

$$\bar{\Delta}(A_1A_2\cdots A_{2m}) = \sum_{i=1}^{m}[\bar{\Delta}(OA_iA_{i+1}) + \bar{\Delta}(OA_{2m-i+1}A_{2m-i+2})] = 0$$

本书图 20.1(a) 所示的平面闭折线可这样画出：在菱形的邻边上分别取三个等分点，分别引边的平行线，就形成了如图 28.8(b) 所示的网络，再根据需要连线，就可以得图 28.8(a) 的平面闭折线．易知，这条平面闭折线满足例 1 的条件，所以，它的有向面积为 0．

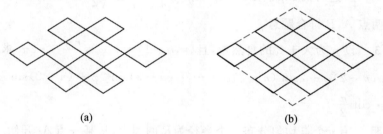

图 28.8

例 2　在半圆 $PABQ$ 上是否存在两点 A，B，使得 △PQN 的面积等于四边形 $NACB$ 的面积？其中点 C 是弧 AB 的中点，点 N 是 AQ 与 BP 的交点，点 O 是半圆的圆心（图 28.9）．

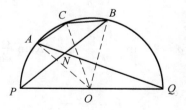

图 28.9

解　由有向平面闭折线的定义，知

$$\bar{\Delta}(ACBPQ) = \bar{\Delta}(ACBN) + \bar{\Delta}(NPQ)$$

由题设

$$\bar{\Delta}(ACBN) = \bar{\Delta}(NPQ)$$

知

$$\bar{\Delta}(ACBPQ) = 0$$

联结 OA, OB, OC,设 $\angle POA = \alpha, \angle AOC = \angle COB = \beta$,则有

$$\bar{\Delta}(ACBPQ) = \bar{\Delta}(OAC) + \bar{\Delta}(OCB) + \bar{\Delta}(OBP) + \bar{\Delta}(OQA) =$$
$$R^2 \left[-\frac{1}{2}\sin\beta - \frac{1}{2}\sin\beta + \frac{1}{2}\sin(\alpha+2\beta) + \frac{1}{2}\sin(\pi-\alpha) \right] = 0$$

即

$$\sin(\alpha + 2\beta) + \sin\alpha = 2\sin\beta$$

所以

$$\tan\beta = \sin(\alpha + \beta)$$

事实上,上式是可以成立的,例如,取 $\alpha + \beta = \frac{\pi}{2}$,则 $\tan\beta = 1$,所以 $\beta = \arctan 1 = \frac{\pi}{4}$,这时的 α, β 满足 $\alpha + 2\beta = \frac{\pi}{2} + \frac{\pi}{4} = \frac{3\pi}{4} \in \left(\frac{\pi}{2}, \pi\right)$,故在半圆 $PABQ$ 上存在两点 A, B 符合题意.

例 3 设 n 为大于 2 的自然数,且 $(n, r+1) = 1, \varphi = \frac{r+1}{n} \cdot 2\pi$. 求证

$$\sin(n-2)\varphi + 2\sin(n-3)\varphi + \cdots + (n-3)\sin 2\varphi + (n-2)\sin\varphi = \frac{n}{2} \cdot \cot\frac{\varphi}{2}$$

证明 有 n 个点均匀分布一个半径为 R 的圆上,从某一点 A_1 开始,顺次联结相隔 r 个点的两点,就构成一个正 n 边星形 $A(n)$(关于星形的生成,详见 §10).我们计算这个正星形的有向面积.设此星形的边长为 a.

一方面,由有向平面闭折线的有向面积公式有

$$\bar{\Delta}A(n) = \frac{1}{2}nR^2 \sin\left(\frac{r+1}{n} \cdot 2\pi\right) = \frac{1}{2}nR^2 \sin\varphi$$

这里易知

$$a = 2R\sin\frac{r+1}{n} \cdot \pi = 2R\sin\frac{\varphi}{2}$$

所以

$$R = \frac{a}{\sin\frac{\varphi}{2}}$$

所以

$$\bar{\Delta}A(n) = \frac{1}{2}nR^2\sin\varphi = \frac{1}{2}n \cdot \frac{a^2}{4\sin^2\frac{\varphi}{2}} \cdot \sin\varphi = \frac{1}{4}na^2 \cdot \cot\frac{\varphi}{2}$$

另一方面,因为正 n 边星形的各个折角相等,且折角为 $\varphi = \dfrac{r+1}{n} \cdot 2\pi$,由本节的定理知

$$\bar{\Delta}A(n) = \frac{1}{2}a^2 [\sin\varphi + \sin 2\varphi + \sin 3\varphi + \cdots + \sin(n-2)\varphi +$$
$$\sin\varphi + \sin 2\varphi + \cdots + \sin(n-3)\varphi +$$
$$\sin\varphi + \cdots + \sin(n-4)\varphi + \cdots + \sin\varphi] =$$
$$\frac{n}{2} \cdot a^2 [\sin(n-2)\varphi + 2\sin(n-3)\varphi + \cdots +$$
$$(n-3)\sin 2\varphi + (n-2)\sin\varphi]$$

所以

$$\frac{1}{4}na^2 \cdot \cot\frac{\varphi}{2} = \frac{1}{2} \cdot a^2 [\sin(n-2)\varphi + 2\sin(n-3)\varphi + \cdots +$$
$$(n-3)\sin 2\varphi + (n-2)\sin\varphi]$$

所以

$$\sin(n-2)\varphi + 2\sin(n-3)\varphi + \cdots + (n-3)\sin 2\varphi + (n-2)\sin\varphi =$$
$$\frac{n}{2} \cdot \cot\frac{\varphi}{2}$$

例 3 是一个精彩的范例. 如果用"常规方法"很难奏效,这里运用了星形面积的"等积法",漂亮地解决了问题.

平面闭折线的运用

第 4 章

§29　网格矩形的内接多边形面积

平面闭折线的特殊情况就是多边形. 本节涉及的是一个有趣的问题:网格矩形的内接多边形的面积.

以下是 2017 年武汉市九年级四月调考数学试卷的第 9 题:

在 5×5 的正方形网格中,每个小正方形的边长为 1,用四边形覆盖如图 29.1 所示,被覆盖的网格线中,竖直部分的线段的长度之和记作 p,水平部分的线段的长度之和记作 q,则 $p - q = (\quad)$.

A. 0　　　B. 0.5　　　C. -0.5　　　D. 0.75

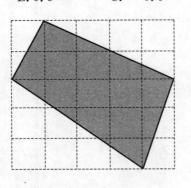

图 29.1

本题设置的陷阱是在提供的选项中除 A 外都是相差无几的实数,诱惑考生去一段一段去计算横线和竖线的长度(在万般无奈下这也是虽然"笨"但可取的方法).

其实这道题有一个极为巧妙的解法:

设各行的横线分别为 p_1, p_2, p_3, p_4,各列的竖线分别为 q_1, q_2, q_3, q_4,设内接四边形的面积为 S.

从横向看,4 条横线把四边形分成了 5 个三角形或梯形,其高均为 1,可得
$$S = p_1 + p_2 + p_3 + p_4 = p$$

从纵向看,同理有 $S = q_1 + q_2 + q_3 + q_4 = q$,所以 $p = q$,因此选 A.

一般地,我们有:

命题 1 $m \times n$ 格的矩形网格的内接四边形所覆盖的网格线中,水平线段的长度之和记作 p,竖直线段的长度之和记作 q,则 $p = q$.

证明 $m \times n$ 格的矩形网格的内接四边形所覆盖的网格线中,横线分别为 $p_1, p_2, \cdots, p_{m-1}$,竖线分别为 $q_1, q_2, \cdots, q_{n-1}$,设内接四边形的面积为 S,则利用三角形面积公式和梯形面积公式,可得 $S = p_1 + p_2 + \cdots + p_{m-1} = p$,同理有 $S = q_1 + q_2 + \cdots + q_{n-1} = q$,所以 $p = q$.

我们看到,横(竖)线的长度之和就是四边形的面积值.如果知道内接格点四边形的顶点在矩形的边上的相对位置,那么,如何计算四边形面积呢?

命题 2 在 $m \times n$ 格的矩形网格 $ABCD$ 中,A_1, B_1, C_1, D_1 分别是边 AB,BC,CD,DA 上的格点,$AA_1 = i$,$B_1C = k$,$C_1D = j$,$D_1D = h$,内接四边形 $A_1B_1C_1D_1$ 的面积为 S,则
$$S = \frac{1}{2}[mn - (i-j)(k-h)]$$

证明 设网格矩形 $ABCD$ 中,$AB = m$,$BC = n$,$\triangle D_1AA_1$,$\triangle A_1BB_1$,$\triangle B_1CC_1$,$\triangle C_1DD_1$ 的面积分别是 S_1, S_2, S_3, S_4,如图 29.2,有

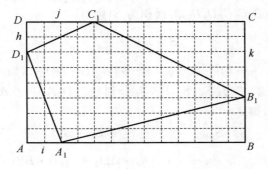

图 29.2

$$S = S_{ABCD} - (S_1 + S_2 + S_3 + S_4) =$$
$$AB \cdot BC - \frac{1}{2}(AA_1 \cdot AD_1 + A_1B \cdot BB_1 +$$
$$B_1C \cdot CC_1 + C_1D \cdot DD_1) =$$
$$mn - \frac{1}{2}[i(n-h) + (m-i)(n-k) + k(m-j) + jh] =$$
$$mn - \frac{1}{2}[mn + (i-j)(k-h)] =$$
$$\frac{1}{2}[mn - (i-j)(k-h)]$$

由命题 1 和命题 2 可以得到如下：

推论 在 $m \times n$ 格的矩形网格 $ABCD$ 中，A_1, B_1, C_1, D_1 分别是边 AB，BC, CD, DA 上的格点，$AA_1 = i, B_1C = k, C_1D = j, D_1D = h$，内接四边形 $A_1B_1C_1D_1$ 所覆盖的网格线的水平线段的长度之和为 p，竖直线段的长度之和为 q，则

$$p = q = \frac{1}{2}[mn - (i-j)(k-h)]$$

以上围绕着矩形网格的内接四边形的面积展开了讨论，需要提及的是，一般地，关于格点多边形还有著名的毕克定理，即：若格点多边形内部有 N 个格点，它的边界上有 L 个格点，则它的面积

$$S = N + \frac{L}{2} - 1$$

用这个定理当然也可以计算本文涉及的格点四边形的面积.

现在我们讨论一般的情形，内接于网格矩形的 t $(t=4,5,6,7,8)$ 边形.

定理 29.1 在 $m \times n$ 格的矩形网格 $ABCD$ 中，格点 A_1, A_2 在边 AB 上，格点 B_1, B_2 在边 BC 上，格点 C_1, C_2 在边 CD 上，格点 D_1, D_2 在边 DA 上，$AA_1 = i, B_2C = k, C_2D = j, DD_1 = h$，且 $A_1A_2 = a, B_1B_2 = b, C_1C_2 = c, D_1D_2 = d$，设内接八边形 $A_1A_2B_1B_2C_1C_2D_1D_2$ 的面积为 S，则

$$S = mn - \frac{1}{2}p \qquad (*)$$

其中 $p = (m-a)(n-b) + (i-j)(k-h) + i(b-d) + k(a-c)$.

证明 如图 29.3，设 S_1, S_2, S_3, S_4 分别是 $\triangle D_2AA_1, \triangle A_2BB_1, \triangle B_2CC_1$，$\triangle C_2DD_1$ 的面积，则

$$S = S_{ABCD} - (S_1 + S_2 + S_3 + S_4) =$$
$$mn - \frac{1}{2}(AA_1 \cdot AD_2 + A_2B \cdot BB_1 +$$
$$B_2C \cdot CC_1 + C_2D \cdot DD_1)$$

令 $p = AA_1 \cdot AD_2 + A_2B \cdot BB_1 + B_2C \cdot CC_1 + C_2D \cdot DD_1$，则
$$p = i(n-k-d) + (n-i-a)(n-k-b) + k(m-j-c) + jh = (m-a)(n-b) + (i-j)(k-h) + i(b-d) + k(a-c)$$

因此
$$S = mn - \frac{1}{2}p$$

其中
$$p = (m-a)(n-b) + (i-j)(k-h) + i(b-d) + k(a-c)$$

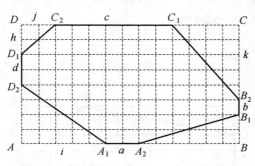

图 29.3

例如，在图 29.3 的矩形网格 $ABCD$ 中，有
$$m = 13, n = 8$$
$$a = 2, b = 1, c = 7, d = 2$$
$$i = 5, j = 2, k = 5, h = 2$$

由公式（*）得
$$p = (13-2)(8-1) + (5-2)(5-2) + 5(1-2) + 5(2-7) = 56$$

所以
$$S = 13 \times 8 - \frac{1}{2} \times 56 = 76$$

用格点数目来计算有：八边形 $A_1A_2B_1B_2C_1C_2D_1D_2$ 内部的格点数 $N = 68$，边界上的格点数 $L = 18$，由毕克定理知，八边形的面积 $S = 68 + \frac{18}{2} - 1 = 76$.

以下说明上述定理是内接四边形定理的推广.

在公式（*）中，令 $a = b = c = d = 0$，则有 $p = (i-j)(k-h) + mn$，那么
$$S = mn - \frac{1}{2}[mn + (i-j)(k-m)] = \frac{1}{2}[mn - (i-j)(k-m)]$$

这就是内接四边形的情形.

并且，在公式（*）中，若 a, b, c, d 部分为零，得到的是网格矩形 $ABCD$ 的内接 5, 6, 7 边形（我们可以认为是特殊的 8 边形）；若 a, b, c, d 均不为零，得到的是

网格矩形 $ABCD$ 的内接 8 边形.

最后举一个内接 6 边形的例子如下：

如图 29.4，格点六边形 $A_1A_2B_1C_1D_1D_2$ 内接于 13×9 网格矩形 $ABCD$，有
$$m=13, n=9$$
$$a=4, b=0, c=0, d=3$$
$$i=3, j=9, k=5, h=2$$

由公式(*)得
$$p=(13-4)(9-0)+(3-9)(5-2)+3(0-3)+5(4-0)=$$
$$81-18-9+20=74$$

所以
$$S=13\times 9-\frac{1}{2}\times 74=80$$

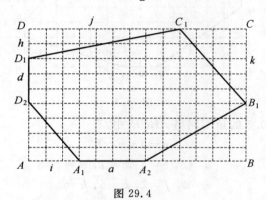

图 29.4

最后我们指出，显然有如下命题成立：

命题 3 $m\times n$ 格的矩形网格的内接 $t(t=4,5,6,7,8)$ 边形所覆盖的网格线中，水平线段的长度之和记作 p，竖直线段的长度之和记作 q，则 $p=q$.

经过上述讨论，我们可以说：本文的定理及三个真命题及其推论，是这一类问题的较为完善的结果.

§30 平面自交闭折线的自交点序号数列

我们把不自交的闭曲线称为简单闭曲线，把有自交点的闭曲线称为自交闭曲线. 这里所说的自交闭曲线的自交点不允许重复. 例如，图 30.1(a)(b) 是允许的，自交点称为二重点，图 30.1(c) 是不允许的，自交点称为三重点.

设自交闭曲线有 m 个自交点，当动点按某种方式(行走方式是指出发点和行走的方向)遍历闭曲线时，我们对各个自交点按其自然次序编号如下：1,2,

第 4 章 平面闭折线的运用

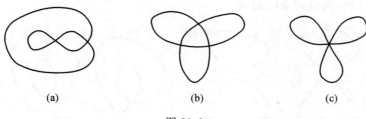

图 30.1

$3,\cdots,m$. 这些标号称为自交点的序号. 显然,每个自交点都只有一个序号. 例如像图 30.2 那样标出序号.

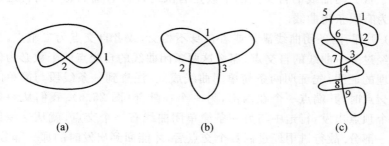

图 30.2

一条自交闭曲线,当按某种方式走完曲线一遍时,每个自交点都要经过两次. 也就是说,在行进过程中,每个自交点的序号都要出现两次. 这样,就组成了一个由数 $i(i=1,2,3,\cdots,m)$ 各出现两次、项数为 $2m$ 的自交点序号数列.

例如,图 30.2(a) 的自交点序号数列是 (1,2,2,1);

图 30.2(b) 的自交点序号数列是 (1,2,3,1,2,3);

图 30.2(c) 的自交点序号数列是 (1,2,3,4,5,1,2,6,7,3,8,9,9,8,4,7,6,5).

18 世纪,数学家对自交闭曲线的自交点序号数列产生了兴趣. 德国著名数学家高斯指出:任意一个由数 $i(i=1,2,3,\cdots,m)$ 各出现两次、项数为 $2m$ 的数列并不一定是自交闭曲线的自交点序号数列. 例如次序为 (1,2,1,2)(即数列 (1,2,1,2))的曲线是没有的. 这一点由读者自行验证.

自交闭曲线的自交点序号数列有如下有趣的性质:

定理 30.1 设自交闭曲线在某种行走方式下,对应一个自交点序号数列,那么每一个自交点对应的序号在自交点序号数列中出现两次,一次在奇数项上,一次在偶数项上.

为了证明这个定理,需要作两项准备工作:

(1) 自交闭曲线的分离:设自交闭曲线 C 有自交点 T. 我们总可以将曲线 C 在 T 处分离,得到两条离得很近的闭曲线 C_1 和 C_2,且 C_1 与 C_2 除了在点 T 处不相交之外,其余的部分(包括自交点)没有改变(图 30.3(a)(b)). 这时我们称将自交闭曲线分离成两条闭曲线.

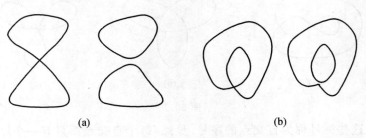

图 30.3

由于自交闭曲线的自交点的个数是有限的,所以,我们总可以将这条曲线分离成为有限条闭曲线.

(2) 引理:两条闭曲线满足或者自身不相交,或者自交点为二重点,且任一曲线不经过另一曲线的自交点,那么这两条闭曲线的自交点的个数必为偶数.

引理的证明:先证明两条简单闭曲线成立. 注意到一条线段与简单闭曲线有一个交点时,其端点一个在内部,另一个在外部(图 25.6). 我们从一条闭曲线的一个顶点出发,行走中与另一条简单闭曲线有一个交点,就从这一部分进入了另一部分. 故行进中经过偶数个交点后,才能回到出发时的那一部分. 这表明结论成立.

再证明两条自交闭曲线的情形. 一般地,对于两条闭曲线 L 和 M,将 L 分离成 n 条简单曲折线 $L_1, L_2, \cdots, L_n$,将 M 分离成 m 条简单闭曲线 $M_1, M_2, \cdots, M_m$,又设 L_i 与 M_j 的交点个数为 a_{ij},则 L_i 与 M_j 所有交点数恰为 $\sum_{i=1}^{n} \sum_{j=1}^{m} a_{ij}$. 前面已证 a_{ij} 为偶数,所以 $\sum_{i=1}^{n} \sum_{j=1}^{m} a_{ij}$ 必为偶数.

有了以上准备,我们开始证明定理:

证明 首先,证明每一个自交点对应的序号在自交点序号数列中出现两次. 我们考察任一个自交点 T,由于自交点是两段曲线段的交点,我们从其中第一条曲线段经过交点时,对这个交点标了一次序号,如果后来在遍历闭曲线 C 的全过程中再也不经过这个交点了,这与这个点是自交点矛盾,所以必然再一次经过这个点,此时不可能从原路走回来,只能从另一条曲线上经过此点,那么这个交点又标了一次序号. 这就是说,任一自交点上的序号都标了一次,所以,每一个自交点对应的序号在自交点序号数列中出现两次.

其次,证明每一个自交点对应的序号在自交点序号数列中,一次出现在奇数项上,一次出现在偶数项上. 我们考察任一自交点 T,设它第一次被标号为 $a (a \in \mathbf{Z}_+)$. 现在,我们将自交闭曲线 C 在 T 处分离,得到两条离得很近的闭曲线 C_1 和 C_2,且 C_1 与 C_2 除了在点 T 处不相交之外,其余的部分(包括自交点)没有改变.

参见图 30.4,(a) 是自交闭曲线 C,它有自交点 T;(b) 是在点 T 处分离了的两条闭曲线 C_1(用实线表示) 与 C_2(用虚线表示),自交点 T 消失了,且 (a) 与 (b) 只是在点 T 处不同外,其余的部分(包括自交点)没有改变.

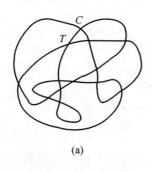 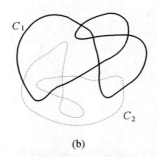

图 30.4

如果我们给定了 C 的行走方向,那么 C_1 和 C_2 就自动地给出了行走方向. 分离后的 C_1 与 C_2 的自交点可分为两类:一类是自交点(C_1,C_2 本身相交),每一自交点其序号在数列中要出现两次,共有 $2a_1(a_1 \in \mathbf{Z}_+)$ 次;另一类是两条闭曲线 C_1 与 C_2 的交点,由引理知,此种交点的个数必为偶数,其序号在数列中共出现 $2a_2(a_2 \in \mathbf{Z}_+)$ 次. 因此,在 C 中,从点 T 出发,走遍闭曲线就要回到点 T 时,行程中 $2a_1 + 2a_2$ 次地经过了其余的全部自交点,所以最后对点 T 标号必然是 $a + 2(a_1 + a_2) + 1$. 由于 a 与 $a + 2(a_1 + a_2) + 1$ 是一奇一偶,所以,自交点 T 对应的序号在自交点序号数列中,或者一次出现在奇数项上,或者一次出现在偶数项上.

推论 从有自交点的闭折线上任一点开始,沿着闭折线行走,碰到自交点就给它编号,当这条闭折线被完全走过时,则有:在每一自交点上,一个标号为奇数,一个标号为偶数.

例如图 30.5 的闭曲线有 7 个自交点,以点 A 为起点,行走方向如箭头所示,每个自交点上都有两个标号,一个标为奇数,一个标为偶数.

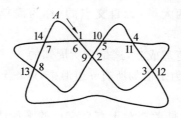

图 30.5

设想自交闭曲线是空间简单闭曲线在平面上的一个投影.用二重点表示曲线在空间交叉穿过的投影.例如,图 30.5 就可以看成是空间简单闭曲线在一个平面上的设影,图 30.6 中的交叉处在上面的那条画成实线,在下面的那条画成虚线,参见图 30.6.

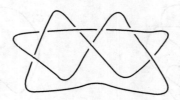

图 30.6

生活中有一个有趣的现象:在现代都市里,有许多二层的立交桥,立交桥上的道路称为上道,从立交桥下穿过的道路称为下道.现在,我们从某一条交叉道口(立交桥处)的上道出发,到第一个交叉路口时从下道通过,到第二个交叉路口时再从上道通过,这样上下道路交错进行下去,直到回到原来的交叉路口,这时一定是下道了.

为什么一定是这样的呢?我们用本文定理很容易解释这一现象:

从某一交叉路口(闭折线的二重点)出发,必须是偶数次经过交叉路口(二重点),由于是上下交错地行进,并且如果出发时是上道(不妨设其标号为奇数1),那么回到原交叉路口时,就一定是下道了(其标号必为偶数).

§31 平面闭折线的等周定理

对可以变动的平面封闭图形的周界加上一些限制后,断言其中的某些图形具有最大或最小的面积,这种类型的数学问题统称为等周问题.

本节将讨论一般平面闭折线的等周问题.

平面闭折线可分为两大类:无自交点的(称为简单平面闭折线或多边形)和有自交点的.

关于多边形的等周定理成立,这是众所周知的:

定理 31.1　在周长为定值的所有 n 边形中,以正 n 边形面积最大.(参考文献[29])

那么,剩下的问题就是考查对于有自交点的平面闭折线中,上述定理是否成立.

为了方便起见,我们对平面闭折线的自交点做如下分析.

定义 31.1 有自交点的平面闭折线称为纽折线.纽折线的自交点称为纽结点.特别地,有唯一自交点的四边平面闭折线称为纽四边形.

纽四边形可以看成是由四边形经过一次扭转而得到的.如图 31.1,将四边形 $A_1A_2A_3A_4$ 扭转,其中 A_1A_2, A_3A_4 的边长不变,A_1A_4, A_2A_3 的边长适当伸缩,就得到纽四边形 $A'_1A'_2A'_3A'_4$.反过来,将纽四边形 $A'_1A'_2A'_3A'_4$ 扭转一次,就可以得到四边形 $A_1A_2A_3A_4$.

图 31.1

一般地,有:

定义 31.2 有自交点 T 的平面闭折线 $A(n)$,设点 T 是边 A_iA_{i+1} 与边 A_jA_{j+1} 的交点.保持 A_iA_{i+1}, A_jA_{j+1} 的边长不变,其余各边可以适当伸缩,将平面闭折线 $A(n)$ 扭转一次,就可以得到一个新的平面闭折线 $A'(n)$.在新的平面闭折线 $A'(n)$ 中原平面闭折线 $A(n)$ 的自交点 T 消失了,而其余的自交点全部保留.反过来,把平面闭折线 $A'(n)$ 扭转一次,就可以得到一个新的平面闭折线 $A(n)$,且增加 1 个自交点 T.这种由 $A(n)$ 得到 $A'(n)$ 或由 $A'(n)$ 得到 $A(n)$ 的图形变换,称为扭转变换.记为 $A(n) \xrightarrow{扭转} A'(n)$ 或 $A'(n) \xrightarrow{扭转} A(n)$(图 31.2),并称 A_iA_{i+1}, A_jA_{j+1} 为不变边.

定义 31.3 在扭转变换 $A(n) \xrightarrow{扭转} A'(n)$ 中,若不变边 A_iA_{i+1}, A_jA_{j+1} 在覆盖平面闭折线 $A(n)$ 的凸包的边界时,扭转得到的自交点 T 称为平面闭折线 $A'(n)$ 的外纽结点;若不变边 A_iA_{i+1}, A_jA_{j+1} 在覆盖平面闭折线 $A(n)$ 的凸包的内部时,扭转得到的自交点称为平面闭折线 $A'(n)$ 的内纽结点.

图 31.2(a) 中,A_iA_{i+1}, A_jA_{j+1} 是不变边,且位于覆盖平面闭折线 $A(n)$ 的凸包的边界,虚线表示折线的其他的边.扭转前,边 A_iA_{i+1} 与边 A_jA_{j+1} 没有交点,扭转后,边 A_iA_{i+1} 与边 A_jA_{j+1} 有 1 个自交点 T,且自交点 T 是外纽结点.

图 31.2(b) 中,A_iA_{i+1}, A_jA_{j+1} 是不变边,且位于覆盖平面闭折线 $A(n)$ 的凸包的内部,虚线表示折线的其他的边.扭转前,边 A_iA_{i+1} 与边 A_jA_{j+1} 没有交点,扭转后,边 A_iA_{i+1} 与边 A_jA_{j+1} 有 1 个自交点 T,且自交点 T 是内纽结点.

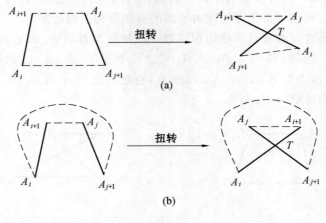

图 31.2

定理 31.2 纽折线的自交点要么是内纽结点,要么是外纽结点.

证明 纽折线 $A'(n)$ 的自交点 T 可以看成是由平面闭折线 $A(n)$(可能是简单平面闭折线,可能是纽折线)以 A_iA_{i+1}, A_jA_{j+1} 为不变边经过一次扭转而得到的,而边 A_iA_{i+1}, A_jA_{j+1} 要么在 $A(n)$ 的凸包的边界,要么在 $A(n)$ 的凸包的内部,这就是说,经过扭转得到的 $A'(n)$ 的自交点要么是内纽结点,要么是外纽结点.

下面我们给出平面闭折线的等周定理.

定理 31.3(等周定理) 周长为定值的所有 n 边平面闭折线中,以正 n 边形的面积最大.

为了证明此定理,需要给出如下引理.

引理 31.1 在周长为定值的所有 n 边平面闭折线中,面积最大的一定没有外纽结点.

证明 设平面闭折线 L 对应的有向平面闭折线 $\bar{L}$,如图 31.3(a)所示,有向平面闭折线 $\bar{L}$ 有外纽结点 T,且点 T 是边 A_iA_{i+1} 与边 A_jA_{j+1} 的交点.

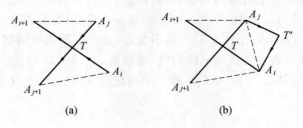

图 31.3

将有向平面闭折线 $\bar{L}$ 从点 T 处分离,得到两条有向平面闭折线 $\bar{L}_1$ 和 $\bar{L}_2$(不一定是简单的),显然 $\bar{L}_1$ 与 $\bar{L}_2$ 的走向相反. 由平面闭折线的面积概念可知

$$\Delta(L) = |\bar{\Delta}(L)| = |\bar{\Delta}L_1 + \bar{\Delta}L_2| < |\bar{\Delta}L_1| + |\bar{\Delta}L_2|$$

联结 A_iA_j,并以 A_iA_j 为对称轴,作与 $\triangle A_iTA_j$ 对称的 $\triangle A_iT'A_j$,就可得到有向平面闭折线

$$\overline{TA_{i+1}\cdots A_jT'A_i\cdots A_{j+1}T}$$

记之为 $\bar{L}'$(图 31.3(b)).

显然,有向平面闭折线 $\bar{L}$ 与 $\bar{L}'$ 的周长相等,但其面积有如下不等关系

$$\Delta(L) = |\bar{\Delta}(L)| < |\bar{\Delta}L_1| + |\bar{\Delta}L_2| = |\bar{\Delta}(L')| = \Delta(L')$$

这说明有外纽结点的平面闭折线其面积一定不是最大的,即引理 31.1 得证.

引理 31.2 在周长为定值的所有 n 边平面闭折线中,面积最大的一定没有内纽结点.

证明 设平面闭折线 L 对应的有向平面闭折线 $\bar{L}$,如图 31.4(a) 所示,有向平面闭折线 $\bar{L}$ 有内纽结点 T,且点 T 是 A_iA_{i+1} 与边 A_jA_{j+1} 的交点.

将有向平面闭折线 $\bar{L}$ 从点 T 处分离,得到两条有向平面闭折线 $\bar{L}_1$ 和 $\bar{L}_2$(不一定是简单的),显然 $\bar{L}_1$ 与 $\bar{L}_2$ 走向相同. 由平面闭折线的面积概念可知

$$\Delta(L) = |\bar{\Delta}(L)| = |\bar{\Delta}L_1 + \bar{\Delta}L_2| = |\bar{\Delta}L_1| + |\bar{\Delta}L_2|$$

如图 31.4(b) 所示,以点 T 为对称中心,作与有向平面闭折线 $\overline{TA_{j+1}\cdots A_iT}$ 对称的有向平面闭折线 $\overline{TA'_{j+1}\cdots A'_iT}$,并设有向平面闭折线 $\overline{TA_{j+1}\cdots A_iT}$ 为 $\bar{L}_2$,有向平面闭折线 $\overline{TA'_{j+1}\cdots A'_iT}$ 为 $\bar{L}'_2$,就有

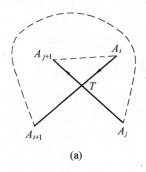 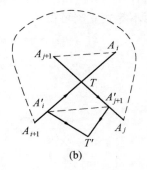

(a) (b)

图 31.4

$$\Delta(L) = |\overline{\Delta}(L)| = |\overline{\Delta}(L_1) + \overline{\Delta}(L_2)| = |\overline{\Delta}(L_1)| + |\overline{\Delta}(L_2)| =$$
$$|\overline{\Delta}(L_1)| + |\overline{\Delta}(L'_2)|$$

又记有向平面闭折线 $\overline{A_{i+1}\cdots A_j A'_{j+1}\cdots A'_i A_{i+1}}$ 为 $\overline{L}_0$,也就有

$$\Delta(L) = |\overline{\Delta}(L)| = |\overline{\Delta}(L_1)| + |\overline{\Delta}(L'_2)| = |\overline{\Delta}(L_0)|$$

联结 $A'_i A'_{j+1}$,并以 $A'_i A'_{j+1}$ 为对称轴,作与 $\triangle A'_i TA'_{j+1}$ 对称的 $\triangle A'_i T'A'_{j+1}$,就可得到有向平面闭折线 $\overline{T'A'_i A_{i+1}\cdots A_j A'_{j+1} T'}$,记之为 $\overline{L'}$(图 31.4(b)).

显然,有向平面闭折线 $\overline{L}$ 与 $\overline{L'}$ 的周长相等,但其面积有如下不等关系

$$\Delta(L) = |\overline{\Delta}(L_0)| < \Delta(L')$$

这说明有外纽结点的平面闭折线其面积一定不是最大的,即引理 31.2 得证.

有了如上两个引理,平面闭折线的等周定理立刻可证:

由定理 31.2 知,纽折线的自交点要么是内纽结点,要么是外纽结点,又由引理 31.1 和引理 31.2 可知,周长为定值的所有 n 边平面闭折线中,具有最大面积的平面闭折线一定既没有外纽结点也没有内纽结点,所以具有最大面积的 n 边平面闭折线必是简单平面闭折线,即 n 边形.由 n 边形的等周定理可知,以正 n 边形的面积为最大.证毕.

推论 若 n 边平面闭折线各边的长分别是 $a_1, a_2, \cdots, a_n$,它的面积为 Δ,则

$$\sum_{i=1}^n a_i^2 \geqslant 4\Delta \cdot \tan\frac{\pi}{n}$$

证明 定理 31.3 的等价命题是: n 边平面闭折线的面积一定时,当且仅当正 n 边形的周长最小,即

$$a_1 + a_2 + \cdots + a_n \geqslant 2n\sqrt{\frac{\Delta}{n} \cdot \tan\frac{\pi}{n}}$$

其中等号当且仅当 $a_1 = a_2 = \cdots = a_n$ 时取得.

由柯西不等式立刻可得

$$(a_1^2 + a_2^2 + \cdots + a_n^2)(1^2 + 1^2 + \cdots + 1^2) \geqslant$$
$$(a_1 + a_2 + \cdots + a_n)^2 \geqslant 4n\Delta \cdot \tan\frac{\pi}{n}$$

所以

$$\sum_{i=1}^n a_i^2 \geqslant 4\Delta \cdot \tan\frac{\pi}{n}$$

§32 平面闭折线中的三大定理

三角形的射影定理、正弦定理和余弦定理,这是众所周知的三大定理. 在这里,我们将这三个定理拓广到平面闭折线中去,得到关于平面闭折线的射影定理、正弦定理和余弦定理.

定理 32.1 设平面闭折线 $A_1A_2\cdots A_n$ 的边长 $A_1A_2=a_1, A_2A_3=a_2,\cdots, A_nA_1=a_n$,顶点 A_i 处的折角为 $\varphi_i(i=1,2,\cdots,n)$,则有如下等式恒成立:

(Ⅰ) 射影定理: $a_1 = -\sum\limits_{2\leqslant k\leqslant n} a_k \cos\left(\sum\limits_{2\leqslant j\leqslant k}\varphi_j\right)$;

(Ⅱ) 正弦定理: $\sum\limits_{2\leqslant k\leqslant n} a_k \sin\left(\sum\limits_{2\leqslant j\leqslant k}\varphi_j\right) = 0$;

(Ⅲ) 余弦定理: $a_1^2 = \sum\limits_{2\leqslant k\leqslant n} a_i^2 + 2\sum\limits_{2\leqslant m<i\leqslant n} a_m a_i \cos\left(\sum\limits_{m+1\leqslant j\leqslant l}\varphi_j\right)$.

为证明上述定理,要用到引理 28.1:

设有向平面闭折线 $\overline{A}(n)$ 在顶点 A_k 处的折角为 $\varphi_k(k=1,2,\cdots,n)$,边 $\overline{A_iA_{i+1}}$ 为 a_i,$(a_i \to a_j)$ 表示边 a_i 到边 a_j 所成的有向角,那么
$$(a_i \to a_j) = \varphi_{i+1} + \varphi_{i+2} + \cdots + \varphi_j$$

下面证明定理 32.1:

证明 以边 A_1A_2 所在直线为 x 轴,且 A_1 重合于原点 O,如图 32.1 所示:

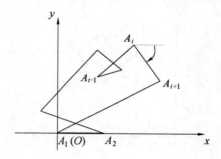

图 32.1

(Ⅰ) 设向量 $\overline{A_1A_2}, \overline{A_2A_3}, \cdots, \overline{A_nA_1}$ 在 Ox 轴上的射影为 $\overline{A'_1A'_2}, \overline{A'_2A'_3}, \cdots, \overline{A'_nA'_1}$,由 $\overline{A'_1A'_2} + \overline{A'_2A'_3} + \cdots + \overline{A'_nA'_1} = \overline{0}$,知
$$-a_1 = \overline{A'_2A'_1} = \sum_{2\leqslant k\leqslant n}\overline{A'_kA'_{k+1}}$$
而
$$\overline{A'_kA'_{k+1}} = |\overline{A_kA_{k+1}}|\cos(Ox \to A_kA_{k+1}) =$$

$$a_k\cos\varphi_k = a_k\cos(\varphi_2+\varphi_3+\cdots+\varphi_k) =$$
$$a_k\cos\Big(\sum_{2\leqslant j\leqslant k}\varphi_j\Big)$$

所以
$$a_1 = -\sum_{2\leqslant k\leqslant n} a_k\cos\Big(\sum_{2\leqslant j\leqslant k}\varphi_j\Big)$$

至此射影定理得证.

（Ⅱ）设向量 $\overline{A_1A_2},\overline{A_2A_3},\cdots,\overline{A_nA_1}$ 在 Oy 轴上的射影为 $\overline{A''_1A''_2},\overline{A''_2A''_3},\cdots,\overline{A''_nA''_1}$，易知 $\overline{A_iA_{i+1}}$ 到 Oy 轴的有向角

$$(A_kA_{k+1}\to Oy) = \frac{\pi}{2} - (Ox\to A_kA_{k+1}) \quad (\text{图 32.2})$$

所以
$$\overline{A''_kA''_{k+1}} = |\overline{A_kA_{k+1}}|\cos(A_kA_{k+1}\to Oy) =$$
$$a_k\cos\Big[\frac{\pi}{2} - (Ox\to A_kA_{k+1})\Big] =$$
$$a_k\sin(\varphi_2+\varphi_3+\cdots+\varphi_k) =$$
$$a_k\cos\Big(\sum_{2\leqslant j\leqslant k}\varphi_j\Big)$$

由 $\overline{A''_1A''_2}+\overline{A''_2A''_3}+\cdots+\overline{A''_nA''_1}=\bar 0$ 和 $\overline{A''_1A''_2}=\bar 0$，可得
$$\sum_{2\leqslant k\leqslant n} a_k\sin\Big(\sum_{2\leqslant j\leqslant k}\varphi_j\Big) = 0$$

至此正弦定理得证.

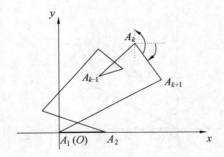

图 32.2

（Ⅲ）将 $a_1=-\sum_{2\leqslant k\leqslant n}a_k\cos\Big(\sum_{2\leqslant j\leqslant k}\varphi_j\Big)$ 和 $\sum_{2\leqslant k\leqslant n}a_k\sin\Big(\sum_{2\leqslant j\leqslant k}\varphi_j\Big)=0$ 两式平方后相加得

$$a_1^2 = \Big[\sum_{2\leqslant k\leqslant n}a_k\cos\Big(\sum_{2\leqslant j\leqslant k}\varphi_j\Big)\Big]^2 + \Big[a_k\cos\Big(\sum_{2\leqslant j\leqslant k}\varphi_j\Big)\Big]^2 =$$
$$\sum_{2\leqslant k\leqslant n}a_i^2 + 2\sum_{2\leqslant m<l\leqslant n}a_ma_l\Big[\cos\Big(\sum_{2\leqslant j\leqslant m}\varphi_j\Big)\cos\Big(\sum_{2\leqslant j\leqslant l}\varphi_j\Big) +$$

$$\sin(\sum_{2\leqslant j\leqslant m}\varphi_j)\sin(\sum_{2\leqslant j\leqslant l}\varphi_j)] =$$
$$\sum_{2\leqslant k\leqslant n}a_i^2 + 2\sum_{2\leqslant m<l\leqslant n}a_m a_l \cos(\sum_{2\leqslant j\leqslant m}\varphi_j - \sum_{2\leqslant j\leqslant l}\varphi_j) =$$
$$\sum_{2\leqslant k\leqslant n}a_i^2 + 2\sum_{2\leqslant m<l\leqslant n}a_m a_l \cos(\sum_{m+1\leqslant j\leqslant l}\varphi_j)$$

至此余弦定理得证.

当 $n=3$ 时,注意到 $\varphi_1+\varphi_2+\varphi_3=2\pi$,且 $\varphi_i=\pi-A_i(i=1,2,3)$,其中 A_i 是三角形的有向顶角,参见图 32.3,则有:

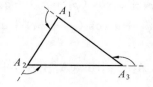

图 32.3

（ⅰ）
$$a_1 = -\sum_{2\leqslant k\leqslant 3}a_k\cos(\sum_{2\leqslant j\leqslant k}\varphi_j) =$$
$$-[a_2\cos\varphi_2 + a_3\cos(\varphi_2+\varphi_3)] =$$
$$-(a_2\cos\varphi_2 + a_3\cos\varphi_1)$$

即
$$a_1 = a_2\cos A_2 + a_3\cos A_1$$

（ⅱ）
$$\sum_{2\leqslant k\leqslant n}a_k\sin(\sum_{2\leqslant j\leqslant k}\varphi_j) = 0$$

就是
$$a_2\sin\varphi_2 + a_3\sin(\varphi_2+\varphi_3) = 0$$

所以
$$a_2\sin\varphi_2 - a_3\sin\varphi_1 = 0$$

即
$$\frac{a_3}{\sin A_2} = \frac{a_2}{\sin A_1}$$

（ⅲ）
$$a_1^2 = \sum_{2\leqslant k\leqslant 3}a_k^2 + 2\sum_{2\leqslant m<l\leqslant 3}a_m a_l\cos(\sum_{m+1\leqslant j\leqslant l}\varphi_j) =$$
$$a_2^2 + a_3^2 + 2a_2 a_3\cos\varphi_3 =$$
$$a_2^2 + a_3^2 - 2a_2 a_3\cos A_3$$

上面的（ⅰ）（ⅱ）（ⅲ）就是我们熟知的三角形中的射影定理、正弦定理和余弦定理.

当 $n=4$ 时,注意到 $\varphi_1+\varphi_2+\varphi_3+\varphi_4=2\pi$ 或 0,且 $\varphi_i=\pi-A_i(i=1,2,3,4)$,其中 A_i 是三角形的有向顶角,参见图 32.4,则有:

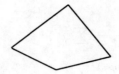 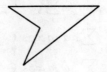

图 32.4

(ⅳ) $a_1 = -\sum_{2\leqslant k\leqslant 4} a_k \cos(\sum_{2\leqslant j\leqslant k}\varphi_j) =$
$-[a_2\cos\varphi_2 + a_3\cos(\varphi_2+\varphi_3) + a_4\cos(\varphi_2+\varphi_3+\varphi_4)] =$
$-[a_2\cos\varphi_2 + a_3\cos(\varphi_2+\varphi_3) + a_4\cos\varphi_1]$

即
$$a_1 = a_2\cos A_2 - a_3\cos(A_2+A_3) + a_4\cos A_1$$

(ⅴ)
$$\sum_{2\leqslant k\leqslant 4} a_k\sin(\sum_{2\leqslant j\leqslant k}\varphi_j) = 0$$

即
$$a_2\sin\varphi_2 + a_3\sin(\varphi_2+\varphi_3) + a_4\sin(\varphi_2+\varphi_3+\varphi_4) = 0$$

所以
$$a_2\sin A_2 - a_3\sin(A_2+A_3) - a_4\sin A_1 = 0$$

(ⅵ)
$a_1^2 = \sum_{2\leqslant k\leqslant 4} a_k^2 + 2\sum_{2\leqslant m<l\leqslant 4} a_m a_l \cos(\sum_{m+1\leqslant j\leqslant l}\varphi_j) =$
$a_2^2 + a_3^2 + a_4^2 + 2[a_2 a_3\cos\varphi_3 + a_2 a_4\cos(\varphi_3+\varphi_4) + a_3 a_4\cos\varphi_4] =$
$a_2^2 + a_3^2 + a_4^2 - 2a_2 a_3\cos A_3 + 2a_2 a_4\cos(A_3+A_4) - 2a_3 a_4\cos A_4$

上面的(ⅳ)(ⅴ)(ⅵ)就是四边平面闭折线中的射影定理、正弦定理和余弦定理.

从以上论述可知,平面闭折线的射影定理、正弦定理和余弦定理深刻地揭示了平面闭折线的边与折角之间的恒等关系.

§33 关于闭折线的不等式

首先介绍一组关于有内切圆的闭折线的不等式.这些是由赣南师范大学曾建国教授提出的.

在 $\triangle ABC$ 中,有如下不等式:

设 $\triangle ABC$ 的三边长为 a,b,c,其内切圆为圆 I,半径为 r,则

$$AI^2 + BI^2 + CI^2 \geq \frac{1}{4}(a^2 + b^2 + c^2) + 3r^2 \qquad ①$$

当且仅当 $a=b=c$ 时取等号.

一般地,有内切圆的 n 边闭折线有下列不等式:

定理 33.1 设 n 边闭折线 $A_1A_2A_3\cdots A_n$ 的边长为 $|A_iA_{i+1}|=a_i(i=1,2,\cdots,n,$ 且 A_{n+1} 为 $A_1)$,其内切圆为圆(I,r),则

$$\sum_{i=1}^{n} A_iI^2 \geq \frac{1}{4}\sum_{i=1}^{n} a_i^2 + nr^2$$

当且仅当 $a_1=a_2=\cdots=a_n$ 时取等号.

证明过程与三角形的情形完全一致:

证明 设闭折线的边 A_iA_{i-1},A_iA_{i+1} 分别与内切圆切于点 B_{i-1},B_i,如图 33.1,设 $|A_iB_{i-1}|=|A_iB_i|=x_i(i=1,2,\cdots,n,$ 且 B_0 为 B_n,A_0 为 A_n,A_{n+1} 为 $A_1)$,则

$$x_i + x_{i+1} = a_i$$

其中 x_{n+1} 为 x_1.

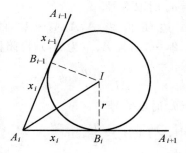

图 33.1

由切线长定理,有

$$\sum_{i=1}^{n} a_i \geq 2\sum_{i=1}^{n} x_i$$

在 Rt$\triangle A_iIB_i$ 中

$$A_iI^2 = x_i^2 + r^2$$

所以

$$\sum_{i=1}^{n} A_iI^2 = \sum_{i=1}^{n} x_i^2 + nr^2$$

利用平均值不等式 $\dfrac{a^2+b^2}{2} \geq \left(\dfrac{a+b}{2}\right)^2$,得

$$\sum_{i=1}^{n} x_i^2 = \sum_{i=1}^{n} \frac{x_i^2 + x_{i+1}^2}{2} \geq \sum_{i=1}^{n} \left(\frac{x_i + x_{i+1}}{2}\right)^2 =$$

$$\sum_{i=1}^{n}\left(\frac{a_i}{2}\right)^2 = \frac{1}{4}\sum_{i=1}^{n}a_i^2$$

从而有

$$\sum_{i=1}^{n}A_iI^2 \geqslant \frac{1}{4}\sum_{i=1}^{n}a_i^2 + nr^2$$

当且仅当 $x_1 = x_2 = \cdots = x_n$，即 $a_1 = a_2 = \cdots = a_n$ 时取等号．证毕．

在定理 33.1 中取 $n=3$，就是三角形中的不等式 ①．

在定理 33.1 的证明过程中，利用平均值不等式 $\dfrac{\sum_{i=1}^{n}a_i^2}{n} \geqslant \left(\dfrac{\sum_{i=1}^{n}a_i}{n}\right)^2$ 立即得到：

推论 1 设 n 边闭折线 $A_1A_2A_3\cdots A_n$ 的边长为 $|A_iA_{i+1}|=a_i(i=1,2,\cdots,n,$ 且 A_0,A_{n+1} 分别为 $A_n,A_1)$，其内切圆为圆 (I,r)，则

$$\sum_{i=1}^{n}A_iI^2 \geqslant \frac{1}{4n}\left(\sum_{i=1}^{n}a_i\right)^2 + nr^2$$

当且仅当 $a_1 = a_2 = \cdots = a_n$ 时取等号．

定理 33.2 设 n 边闭折线 $A_1A_2A_3\cdots A_n$ 的内切圆为圆 (I,r)，$\angle A_{i-1}A_iA_{i+1} = \theta_i (i=1,2,\cdots,n,$ 且 A_{n+1} 为 $A_1)$，设闭折线的环数为 t，则

$$\sum_{i=1}^{n}\frac{1}{AI} \leqslant \frac{n}{r}\cos\frac{t}{n}\pi$$

当且仅当 $\theta_1 = \theta_2 = \cdots = \theta_n$ 时取等号．

证明 在图 33.2 中，$\angle IA_iB_i = \dfrac{\theta_i}{2}$，$\sin\dfrac{\theta_i}{2} = \dfrac{r}{A_iI}$，即

$$\frac{1}{AI} = \frac{1}{r}\sin\frac{\theta_i}{2}$$

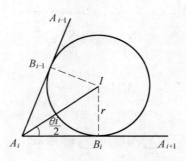

图 33.2

所以

$$\sum_{i=1}^n \frac{1}{AI} = \frac{1}{r} \sum_{i=1}^n \sin \frac{\theta_i}{2} \qquad ②$$

显然 $\theta_i \in (0,\pi)$，故 $\frac{\theta_i}{2} \in \left(0, \frac{\pi}{2}\right)$，由于 $f(x) = \sin x$ 在区间 $\left(0, \frac{\pi}{2}\right)$ 上是凸函数，由凸函数的性质可知

$$\frac{\sum_{i=1}^n \sin \frac{\theta_i}{2}}{n} \leqslant \sin \frac{\sum_{i=1}^n \frac{\theta_i}{2}}{n} = \sin \frac{\sum_{i=1}^n \theta_i}{2n}$$

即

$$\sum_{i=1}^n \sin \frac{\theta_i}{2} \leqslant n \sin \frac{\sum_{i=1}^n \theta_i}{2n} \qquad ③$$

注意到有内切圆的闭折线必为回形闭折线，而回形闭折线的内角和为

$$\sum_{i=1}^n \theta_i = (n-2t)\pi$$

代入 ③ 有

$$\sum_{i=1}^n \sin \frac{\theta_i}{2} \leqslant n \sin \frac{(n-2t)}{2n}\pi = n \sin \left(\frac{\pi}{2} - \frac{t}{n}\pi\right) = n \cos \frac{t}{n}\pi$$

然后再代入 ②，有

$$\sum_{i=1}^n \frac{1}{AI} \leqslant \frac{n}{r} \cos \frac{t}{n}\pi$$

最后由 ③ 知等号当且仅当 $\theta_1 = \theta_2 = \cdots = \theta_n$ 时取得. 证毕.

在定理 33.2 中取 $n = 3, t = 1$，即得：

推论 2 $\triangle ABC$ 的内切圆为圆 (I, r)，则有

$$\frac{1}{AI} + \frac{1}{BI} + \frac{1}{CI} \leqslant \frac{3}{2r}$$

下面我们介绍一个关于闭折线的周长的不等式.

我们知道，依次联结三角形各边中点所得三角形的周长等于原三角形周长的一半. 一般地，依次联结闭折线各边中点所得的闭折线称为中点闭折线. 那么，任意一条闭折线的中点闭折线与原闭折线的周长之间有什么样的关系呢？

定理 33.3 设 $A_1 A_2 \cdots A_n$ 是任意的闭折线，$\angle A_i$ 是它的顶角，点 B_i 是边 $A_i A_{i+1}$ 上的中点 ($i = 1, 2, \cdots, n$，且 A_{n+1} 就是 A_1)，记闭折线 $A_1 A_2 \cdots A_n$，$B_1 B_2 \cdots B_n$ 的周长分别为 m, m_1，则 $\frac{m^2 - m_1^2}{m_1} \leqslant \sum_{i=1}^n b_i \cot^2 \frac{A_{i+1}}{2}$.

当且仅当是等边闭折线时等号成立.

为证明本定理，先给出如下引理：

引理 33.1 在 $\triangle ABC$ 中，$AB + AC \leqslant BC \cdot \csc \frac{A}{2}$，其中当且仅当 $AB = AC$

时取等号.

证明 在 $\triangle ABC$ 中
$$BC^2 = AB^2 + AC^2 - 2AB \cdot AC \cdot \cos A =$$
$$(AB+AC)^2 \sin^2 \frac{A}{2} + (AB-AC)^2 \cdot \cos^2 \frac{A}{2} \geqslant$$
$$(AB+AC)^2 \sin^2 \frac{A}{2}$$

所以
$$AB + AC \leqslant BC \cdot \csc \frac{A}{2}$$

引理 33.2 设 $P_i > 0, a_i > 0 (i=1,2,\cdots,n)$,则
$$\frac{p_1 a_1 + p_2 a_2 + \cdots + p_n a_n}{p_1 + p_2 + \cdots + p_n} \leqslant \left(\frac{p_1 a_1^2 + p_2 a_2^2 + \cdots + p_n a_n^2}{p_1 + p_2 + \cdots + p_n}\right)^{\frac{1}{2}}$$

引理 33.2 其实就是加权幂平均不等式 $M_1(a,p) \leqslant M_2(a,p)$.
下面完成定理 33.3 的证明.

证明 如图 33.3,设 $A_i A_{i+1} = a_i$,由引理 1 知
$$a_i + a_{i+1} \leqslant A_i A_{i+2} \cdot \csc \frac{A_{i+1}}{2} = 2b_1 \cdot \csc \frac{A_{i+1}}{2}$$

所以
$$\sum_{i=1}^{n}(a_i + a_{i+1}) \leqslant 2 \sum_{i=1}^{n} b_i \csc \frac{A_{i+1}}{2}$$

即
$$m \leqslant b_1 \csc \frac{A_2}{2} + b_2 \csc \frac{A_3}{2} + \cdots + b_n \csc \frac{A_1}{2}$$

由引理 33.2 知
$$m \leqslant \frac{b_1 \csc \frac{A_2}{2} + b_2 \csc \frac{A_3}{2} + \cdots + b_n \csc \frac{A_1}{2}}{b_1 + b_2 + \cdots + b_n} \cdot (b_1 + b_2 + \cdots + b_n) \leqslant$$
$$\left[\frac{b_1 \csc^2 \frac{A_2}{2} + b_2 \csc^2 \frac{A_3}{2} + \cdots + b_n \csc^2 \frac{A_1}{2}}{b_1 + b_2 + \cdots + b_n}\right]^{\frac{1}{2}} \cdot (b_1 + b_2 + \cdots + b_n) =$$
$$\left[\frac{m_0 + \sum b_i \cot^2 \frac{A_{i+1}}{2}}{m_1}\right]^{\frac{1}{2}} \cdot m_1$$

由此可得
$$\frac{m^2 - m_1^2}{m_1} \leqslant \sum_{i=1}^{n} b_i \cot^2 \frac{A_{i+1}}{2}$$

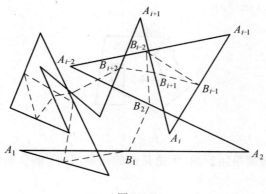

图 33.3

§34 空间闭折线的全曲率

折线是由直线段首尾相接而成的,弯折只发生在顶点处,衡量弯折程度的是顶点处的外角.所谓外角,是指一条边的延长线与邻边的夹角(图 34.1).折线的外角和 $k=\alpha_1+\alpha_2+\cdots+\alpha_n$ 是衡量折线的总的弯曲量,称为全曲率.

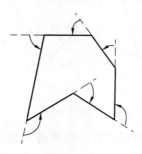

图 34.1

顶点在同一平面内的闭折线,称为平面闭折线.顶点在空间 U 的闭折线,称为空间 U 的闭折线.

平面几何告诉我们,n 边形的外角和为 2π,即全曲率为 2π.

那么,平面的和空间的闭折线的全曲率等于多少?

定理 34.1 若有向的 n 边平面闭折线的环数为 $t(t\in \mathbf{Z})$,则它的全曲率为 $2t\pi$.

证明 平面闭折线 $A_1A_2\cdots A_nA_1$ 在顶点 A_i 处的折角为 $\alpha_i(i=1,2,\cdots,n)$(图 34.2),当我们遍历闭折线依次经过 n 个顶点时,共转了 n 个弯,转过的角度(即折角)为 α_i,而实际上共转过了 t 环,转过的角度共有 $2t\pi$,所以平面闭折

169

线的全曲率为 $2t\pi$.（证毕）

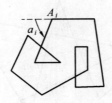

图 34.2

例如，n 边平面简单闭折线（无论是凸的还是凹的）的全曲率为 2π，因为它的环数为 1.

文献[2]第四章 §1 习题 1 指出：设 L 是平面上的 n 边形，而且设 L 是凹的. 试证明，L 的内角和是 $(n-2)\pi$，但是 L 的外角和（全曲率）大于 2π.

此命题显然是针对无向的凹 n 边形而言的. 按照本文的观点，此命题的前半部分无需修改，但后半部分应修改为"凹 n 边形的全曲率等于 2π".

图 34.3 是有向的凹 n 边形 $A_1A_2\cdots A_nA_1$ 的某一个凹的局部，图中只显示 A_{i-1}, A_i, A_{i+1} 三个顶点，其中 A_i 是凹顶点.

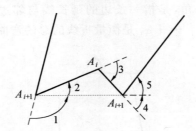

图 34.3

顶点 A_{i-1}, A_i, A_{i+1} 处的折角对全曲率的贡献是 $\angle 1 + \angle 2 + \angle 3 + \angle 4 + \angle 5$，联结 A_{i-1}, A_{i+1}，实际上是填平了凹去的这一局部使之成为凸的了. 我们再看，此时 A_{i-1}, A_{i+1} 处的折角对全曲率的贡献是 $\angle 1 + \angle 5$，从折角 $\angle 2, \angle 3, \angle 4$ 的绝对值来说，有 $\angle 3 = \angle 2 + \angle 4$（三角形的一个外角等于不相邻的两个内角之和），从有向角的方向看 $\angle 3$ 与 $\angle 2, \angle 4$ 正好相反，所以 $\angle 2 + \angle 3 + \angle 4 = 0$，因此 $\angle 1 + \angle 2 + \angle 3 + \angle 4 + \angle 5 = \angle 1 + \angle 5$，它们对全曲率的贡献是相同的.

对有向的凹 n 边形 $A_1A_2\cdots A_nA_1$ 所有的凹顶点的局部都这样处理，那么可得到一个有向的凸的 n 边形. 而凸 n 边形的全曲率为 2π，所以凹 n 边形的全曲率也等于 2π.

关于空间简单闭折线的全曲率，有如下：

定理 34.2 （芬舍尔定理 1929 年）[2]：设 L 是空间中的简单闭折线，那么 L

的全曲率不小于 2π，当且仅当 L 是平面上的凸多边形时，全曲率才等于 2π．

本文对芬舍尔定理做如下修改：

设 L 是空间中的简单闭折线，那么 L 的全曲率不小于 2π，当且仅当 L 是平面上的多边形时，全曲率才等于 2π．

为了证明修改后的定理，介绍方向球面概念和一个引理．

以空间内一点 O 为球心作半径为 1 的球面，此球面上任一点就能确定一条射线 OM，这就确定了空间中的一个方向；反过来，给定空间中一个方向，从点 O 出发，沿着这个方向作射线必与此圆相交于一点 M．这样，空间中的方向与球面上的点一对一地对应起来了．这个球面就叫作方向球面．

引理 设 ABC 是折线，若折线在 B 处的外角为 β，则使折点 B 突出的方向（所谓从某方向使折点突出，是指该方向与 AB，CB 都成锐角）在方向球面 S 上所占面积为 2β．

证明 不妨以折点 B 作为方向球面 S 的球心．作过 A，B，C 三点的平面 E，及垂直于 E 的直径 PP'，那么使折点 B 突出的方向在球面上所构成的图形，是以 PP' 为棱的一个二面角在 S 上截出的月牙形，该二面角的两个面分别垂直于 AB 和 BC（图 34.4）．由于二面角所截出的月牙形的面积等于二面角大小的二倍，而折线在 B 处的外角为 β，即二面角的大小为 β，所以二面角所截出的月牙形的面积为 2β，即使折点 B 突出的方向在方向球面 S 上所占面积为 2β．

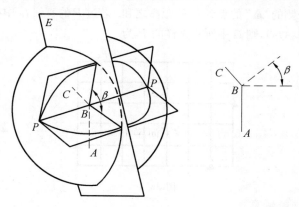

图 34.4

以下证明修改后的定理 34.2：

现在设 $L = A_1 A_2 A_3 \cdots A_{n-1} A_n A_1$ 是空间中的简单闭折线，折点 A_i 处的外角是 α_i，使折点 A_i 突出的方向所构成的方向球面 S 上的月牙形记作 T_i．

我们把空间中的一个方向称为好的，如果它与 L 的各段 A_1A_2，A_2A_3，$\cdots$，A_nA_1 都不垂直．在沿好的方向看来，折点 A_1，A_2，$\cdots$，A_n 中总有一个最高，是顶峰．所以每个好方向都至少使一个折点突出，这就是说，由引理知，好方向的

集合 H 包含于月牙形 $T_1,T_2,\cdots,T_n$ 的并,即 $H\subset T_1\cup T_2\cup\cdots\cup T_n$. 于是 H 的面积不小于 T_i 的面积之和. 然而我们已经知道月牙形的面积是 T_i, 所以, $2\alpha_1+2\alpha_2+\cdots+2\alpha_n\geqslant 4\pi$, 即 L 的折角和 $\alpha_1+\alpha_2+\cdots+\alpha_n\geqslant 2\pi$, 并且当闭折线是凸的平面 n 边形时, $T_1,T_2,\cdots,T_n$ 两两的交集均为空集, 且恰好不多不少地铺满整个方向球面, 上述式子取"="号.

当闭折线是凹的平面 n 边形时, 由本文定理 34.1 知, 凹 n 边形的全曲率也等于 2π, 上述式子取"="号.

§35 闭折线的 k 号心的一个应用

2017 年上海高考数学第 12 题是一道压轴题. 它有一定的难度. 难, 表现在两个方面: 一是用纯数学语言表达题意, 做题时读懂题意会有一定困难; 二是本题的背景是什么, 或者说本题的"题根"在哪里, 短时间内不一定能弄清楚, 因此只能连蒙带猜做题, 或者"脚踩西瓜皮, 滑到哪里是哪里".

题目 如图 35.1, 用 35 个单位正方形拼成一个矩形, 点 P_1,P_2,P_3,P_4 以及四个标记为"▲"的点在正方形的顶点处, 设集合 $\Omega=\{P_1,P_2,P_3,P_4\}$, 点 $P\in\Omega$, 过 P 作直线 l_P, 使得不在 l_P 上的"▲"的点分布在 l_P 的两侧, 用 $D_1(l_P)$ 和 $D_2(l_P)$ 分别表示 l_P 一侧和另一侧的"▲"的点到 l_P 的距离之和. 若过 P 的直线 l_P 中有且只有一条满足 $D_1(l_P)=D_2(l_P)$, 则 Ω 中所有这样的 P 为_____.

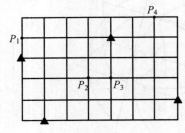

图 35.1

评析 1. 理解题意.

一字一句扣, 可知本题的意思是:

在图 35.1 的 5×7 格的方格中, 经过点 $P_i(i=1,2,3,4)$ 作直线 l_P, 使得标记为"▲"的四个点分别位于该直线的两侧, 且一侧的点到该直线的距离之和与另一侧的点到该直线的距离是相等的. 问: 在点 $P_i(i=1,2,3,4)$ 中, 哪几个点能做得到?

2. 寻找"题根".

如何破题? 顺藤摸瓜吧!

设记为"▲"的四个点为 A,B,C,D,线段 AB,BC,CD,DA 的中点分别为 E,F,G,H,易知 $EFGH$ 为平行四边形.且记点 A,B,C,D 到直线 l_P 的距离为 $h(A),h(B),h(C),h(D)$.

四个点不在 l_P 的同一侧,那么就有两种可能:

(1) 若 l_P 的两侧分别有两个点:如图 35.2,点 A,B 和 C,D 分别在直线 l_P 的两侧,若 $h(A)+h(B)=h(C)+h(D)$,则有 $h(E)=h(G)$,即 $h(E)$ 和 $h(G)$ 所在的线段平行且相等,于是可构成相应的平行四边形,因此直线 l_P 必过 EG 的中点.

若点 A,C 和 B,D 分别在直线 l_P 的两侧,同理可知直线 l_P 必过 FH 的中点.
于是,直线 l_P 必过平行四边形 $EFGH$ 的对角线的交点 M.

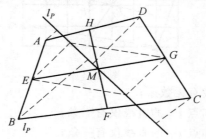

图 35.2

(2) 若 l_P 的一侧有三个点,另一侧有一个点:如图 35.3,点 B,A,D 和点 C 分别在直线 l_P 的两侧,若 $h(A)+h(B)+h(D)=h(C)$,即 $h(A)+h(D)=h(C)-h(B)$,由平面几何知识有,$h(A)+h(D)=2h(H)$,且 $h(C)-h(B)=2h(F)$,则有 $h(H)=h(F)$,即 $h(H)$ 和 $h(F)$ 所在的线段平行且相等,于是可构成相应的平行四边形,因此直线 l_P 必过 FH 的中点.

若点 A,D,C 和 B 分别在直线 l_P 的两侧,同理可知直线 l_P 必过 EG 的中点.
于是,直线 l_P 必过平行四边形 $EFGH$ 的对角线的交点 M.
综合以上两种情况,即满足已知条件的直线肯定要经过 EG 和 FH 的交点.

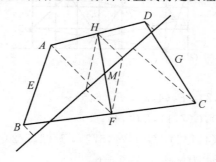

图 35.3

至此，本题的"题根"基本上找到了，这就是：任意四边形 $ABCD$ 两组对边中点的连线交于一点，过此点作直线，让四边形的四个顶点不在该直线的同一侧，那么该直线两侧的四边形的顶点到直线的距离之和是相等的.

下面再看这道题就比较"简单"了. 在图 35.4 上连线，不难发现，四边形 $ABCD$ 两组对边中点的连线交于点 P_2，也就是说，符合条件的直线 l_P 一定经过点 P_2，因此：

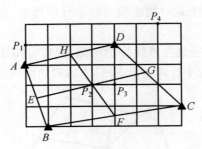

图 35.4

经过点 P_2 的直线有无数条；

同时经过点 P_1 和点 P_2 的直线仅有一条；

同时经过点 P_3 和点 P_2 的直线仅有一条；

同时经过点 P_4 和点 P_2 的直线仅有一条.

所以符合条件的点为 P_1,P_3,P_4.

3. 回味提升.

这道题用坐标法行不行？回答当然是肯定的. 例如，以左下角格点 O 为原点，建立如图 35.5 坐标系，则：

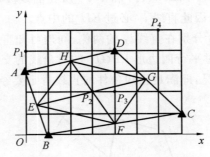

图 35.5

$P_1(0,4)$，$P_2(3,2)$，$P_3(4,2)$，$P_4(6,5)$；

$A(0,3)$，$B(1,0)$，$C(7,1)$，$D(4,4)$；

$E(1/2,3/2)$，$F(4,1/2)$，$G(11/2,5/2)$，$H(2,7/2)$.

直线 EG 的解析式为 $x-5y+7=0$.

直线 FH 的解析式为 $3x-2y-13=0$.

直线 EG 与 FH 交于点 $(3,2)$,正是点 P_2.

这里还必须指出的是,任意四边形两组对边中点的连线交于一点,此点叫作四边形的 4 号心.

关于 n 边闭折线的 k 号心是这样定义的[1]:

定义 35.1 设 O 是闭折线 $A_1A_2\cdots A_nA_1$ 所在平面内的定点,k 是任一给定的正整数,则满足等式:向量 $\overrightarrow{OQ} = \dfrac{1}{k}\sum_{i=1}^{n}\overrightarrow{OA_i}$ 的点 Q 称为闭折线 $A_1A_2\cdots A_nA_1$(关于点 O)的 k 号心.

利用这一定义,记本题中的四边形 $ABCD$ 的 4 号心为 Q,则

$$\overrightarrow{OQ} = \dfrac{1}{4}(\overrightarrow{OA}+\overrightarrow{OB}+\overrightarrow{OC}+\overrightarrow{OD}) =$$
$$\dfrac{1}{4}[(0,3)+(1,0)+(7,1)+(4,4)] = (3,2) = \overrightarrow{OP_2}.$$

即点 P_2 与点 Q 重合,是四边闭折线(四边形)$ABCD$ 的 4 号心.

本题是否能再加以推广,也是值得探讨的问题.本文不予赘述.

总之,2017 年上海高考数学第 12 题是一道考查能力的题目,一是数学理解力,二是数学转化力.这就给我们一个启示:我们在教学中要加强对基本问题(往往是题根)的训练,而这个训练不能只停留在模式化的阶段,而是要通过训练,强化理解力,提高转化力.

§36 绕折线初探

定义 36.1 如果一条折线 $A_1A_2\cdots A_iA_{i+1}\cdots A_n$ 的任一条边 A_iA_{i+1} 的两端点都位于曲线 $f(x,y)=0$ 的两侧,那么称这条折线为绕折线.这条曲线称为绕折线的基线.

例如,图 36.1 是一条基线为椭圆的绕闭折线,图 36.2 是一条基线为抛物线的绕开折线.

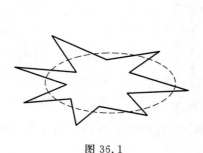

图 36.1

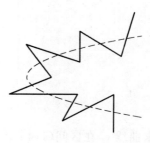

图 36.2

显然,如果基线是封闭的,那么绕折线是封闭的;如果基线是开的,那么绕折线也是开的.由于闭的绕折线有一半顶点在基线的内部,一半在基线的外部,所以它的边数一定是偶数.

下面我们研究一条绕线开折线,它来自于上海市 2005 年数学高考题第 22 题:

在直角坐标平面中,已知点 $P_1(1,2)$,$P_2(2,2^2)$,$P_3(3,2^3)$,…,$P_n(n,2^n)$,其中 n 是正整数,对平面上任一点 A_0,记 A_1 为 A_0 关于点 P_1 的对称点,A_2 为 A_1 关于点 P_2 的对称点,……,A_n 为 A_{n-1} 关于点 P_n 的对称点.

(1) 求向量 $\overrightarrow{A_0A_2}$ 的坐标;

(2) 当点 A_0 在曲线 C 上移动时,点 A_2 的轨迹是函数 $y=f(x)$ 的图像,其中 $y=f(x)$ 是以 3 为周期的周期函数,且当 $x\in(0,3]$ 时,$f(x)=\lg x$. 求以曲线 C 为图像的函数在 $(1,4]$ 上的解析式;

(3) 对任意偶数 n,用 n 表示向量 $\overrightarrow{A_0A_n}$ 的坐标.

本书重点讨论第(3)问并将引向深入.

但是为了方便计算,我们还是对第(1)(2)问略加说明.

(1) 设点 $A_0(x,y)$,则 A_0 关于点 P_1 的对称点为 $A_1(2-x,4-y)$,于是 A_1 关于点 P_2 的对称点为 $A_2(2+x,4+y)$,所以向量 $\overrightarrow{A_0A_2}=(2,4)$.

(2) 由向量 $\overrightarrow{A_0A_2}=(2,4)$ 知,向量 $\overrightarrow{A_2A_0}=(-2,-4)$.

又因为点 A_2 在曲线 $f(x)=\lg x$ 上,点 A_0 在曲线 C 上,因此,将曲线 $f(x)=\lg x$ 向左平移 2 个单位,向下平移 4 个单位,就可以得到曲线 C. (图 36.3)

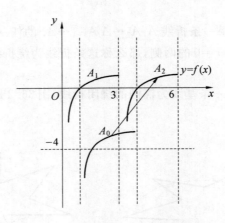

图 36.3

欲求曲线 C 在区间 $(1,4]$ 上的解析式,先求曲线 $f(x)=\lg x$ 在区间 $(3,6]$ 上的解析式 $y=g(x)$.

已知当 $x \in (0,3]$ 时,$f(x)=\lg x$,由 $f(x)$ 的周期为 3 知,故当 $x \in (3,6]$ 时,$f(x)=f(x-3)=\lg(x-3)$,所以
$$y=g(x)=\lg(x-3)$$
下面将曲线 $y=g(x)=\lg(x-3)$ 按向量 $(-2,-4)$ 平移,得到
$$y=\lg[(x-3)+2]-4=\lg(x-1)-4$$
即为所求.

以下重点讨论第(3)问:

因为点 A_{k-1} 与点 A_k 关于点 P_k 对称,所以 P_k 是线段 $A_{k-1}A_k$ 的中点.

在 $\triangle A_k A_{k+1} A_{k+2}$ 中,$P_{k+1} P_{k+2}$ 是边 $A_k A_{k+2}$ 所对的中位线,所以
$$\overrightarrow{A_k A_{k+2}}=2\overrightarrow{P_{k+1} P_{k+2}}$$
所以
$$\overrightarrow{P_{k+1} P_{k+2}}=\overrightarrow{OP_{k+2}}-\overrightarrow{OP_{k+1}}=(k+2,2^{k+2})-(k+1,2^{k+1})=(1,2^{k+1})$$
(图 36.4).

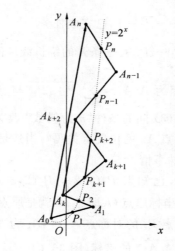

图 36.4

注意到且 n 为偶数,于是(图 36.5)有
$$\overrightarrow{A_0 A_n}=\overrightarrow{A_0 A_2}+\overrightarrow{A_2 A_4}+\overrightarrow{A_4 A_6}+\cdots+\overrightarrow{A_{n-2} A_n}=$$
$$2(\overrightarrow{P_1 P_2}+\overrightarrow{P_3 P_4}+\overrightarrow{P_5 P_6}+\cdots+\overrightarrow{P_{n-1} P_n})=$$
$$2[(1,2)+(1,2^3)+(1,2^5)+\cdots+(1,2^{n-1})]=$$
$$2\left(\frac{n}{2},2+2^3+2^5+\cdots+2^{n-1}\right)=$$
$$2\left(\frac{n}{2},\frac{2(2^n-1)}{3}\right)=$$
$$\left(n,\frac{4(2^n-1)}{3}\right)$$

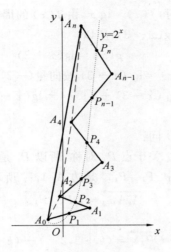

图 36.5

至此，$\overrightarrow{A_0A_n} = \left(n, \dfrac{4(2^n-1)}{3}\right)$，已完成任务.

本题的折线 $P_1P_2P_3\cdots P_n$ 是一条开的绕折线. 有趣的是，$\overrightarrow{A_0A_n}$ 的结果与点 A_0 的位置无关，这是因为 $\overrightarrow{A_0A_n} = \sum\limits_{k=1}^{\frac{n}{2}} \overrightarrow{P_{2k-1}P_{2k}}$ 与点 A_0 的坐标无关.

现在要问的是：若第(3)问的条件"n 为偶数"改为"n 为奇数"，其余不变，则向量 $\overrightarrow{A_0A_n}$ 的坐标与起点 A_0 的位置有关吗？当然是有关的！

现在我们来做这一件事情：

在直角坐标平面中，已知点 $P_1(1,2)$，$P_2(2,2^2)$，$P_3(3,2^3)$，$\cdots$，$P_n(n, 2^n)$，其中 n 是正奇数，对坐标原点 O（即点 A_0 就是原点），记 A_1 为 A_0 关于点 P_1 的对称点，A_2 为 A_1 关于点 P_2 的对称点，$\cdots\cdots$，A_n 为 A_{n-1} 关于点 P_n 的对称点，试用 n 表示向量 $\overrightarrow{OA_n}$（即 $\overrightarrow{A_0A_n}$）的坐标（图 36.6）.

$$\overrightarrow{OA_{n-1}} = \sum\limits_{k=1}^{\frac{n-1}{2}} \overrightarrow{P_{2k-1}P_{2k}} = 2[(1,2) + (1,2^3) + (1,2^5) + \cdots + (1,2^{n-2})] =$$
$$2\left(\dfrac{n-1}{2}, \dfrac{2(2^{n-1}-1)}{3}\right) = \left(n-1, \dfrac{4(2^{n-1}-1)}{3}\right)$$

即

$$A_{n-1}\left(n-1, \dfrac{4(2^{n-1}-1)}{3}\right)$$

由于 $P_n(n, 2^n)$，设点 $A_n(x_n, y_n)$，由点 P_n 是线段 $A_{n-1}A_n$ 的中点，所以

$$\dfrac{x_n + n - 1}{2} = n$$

且
$$\frac{y_n + \frac{4(2^{n-1}-1)}{3}}{2} = 2^n$$

所以
$$x_n = n+1$$

且
$$y_n = 2^{n+1} - \frac{4(2^n-1)}{3}$$

即
$$\overrightarrow{OA_n} = \left(n+1, 2^{n+1} - \frac{4(2^n-1)}{3}\right)$$

绕折线是一类非常有趣的折线. 形形色色的基线、千奇百怪的绕法,能得到各种不同的绕折线. 例如,图 36.7 的绕折线,基线所在的圆、"凸""凹"顶点所在的圆是一个同心圆,且顶点极其有规律地排列着(具体规律读者一看便知). 这就是一个非常优美的图形.

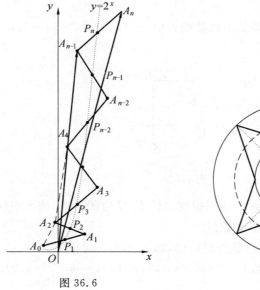

图 36.6

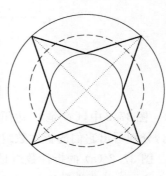

图 36.7

§37 简单平面闭折线的种类数问题

我们知道,边不自交的闭折线称为简单平面闭折线,也称为多边形.

下面讨论一个有趣的问题——简单闭折线的种类数问题.这要从闭折线的折性数组谈起.

沿着闭折线 $A_1A_2\cdots A_n$ 的边遍历折线,有且只有两个行走方向,即
$$A_1 \to A_2 \to \cdots \to A_n \to A_1 \text{ 或 } A_1 \to A_n \to \cdots \to A_2 \to A_1$$

定义37.1 给闭折线 $A(n)$ 一个行走方向,得到有向闭折线 $\overline{A}(n)$,把它的各个顶点的折性数 $\xi_i(i=1,2,\cdots,n)$ 依次排列,就得到一个有序数组 $(\xi_1,\xi_2,\cdots,\xi_i,\cdots,\xi_n)$,我们称有序数组 $(\xi_1,\xi_2,\cdots,\xi_i,\cdots,\xi_n)$ 为有向闭折线 $\overline{A}(n)$ 的折性数组.并约定,k 个 $1(-1)$ 连在一起时,可以把它们简记为 $k(-k)$.于是,有向闭折线 $\overline{A}(n)$ 折性数组也可以是 $(\eta_1,\eta_2,\cdots,\eta_i,\cdots,\eta_m)$,其中 η_i 是非零整数,称为折性数组的元素.

例如图37.1所示闭折线的折性数组为 $(1,-1,1,-1,-1,-1,1,1)$,可以简记为 $(1,-1,1,-3,2)$.

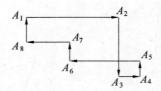

图 37.1

例1 图37.2中,(a)是14边闭折线,(b)是37边闭折线,按图中箭头所指行走方向,分别写出它们的折性数组.

解 图37.2(a)的折性数组是 $(-3,2,-2,3,-2,2)$.

图37.2(b)的折性数组是 $(-4,4,-4,4,-4,4,-4,2,-4,2)$.

由定义可知,有向闭折线 $\overline{A}(n)$ 的折性数组 $(\eta_1,\eta_2,\cdots,\eta_i,\cdots,\eta_m)$ 有如下性质:

(1) $\sum_{i=1}^{m}|\eta_i|=n$,即有向闭折线 $\overline{A}(n)$ 折性数组的各个元素的绝对值之和等于 n.

(2) $(\eta_1,\eta_2,\cdots,\eta_i,\cdots,\eta_m)+(\eta_1,\eta_2,\cdots,\eta_i,\cdots,\eta_m)^{-1}=0$,即从同一个顶点

第 4 章　平面闭折线的运用

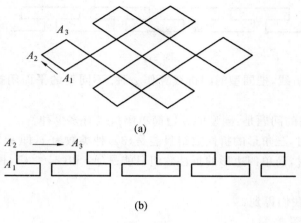

(a)

(b)

图 37.2

A_1 出发按两个不同方向遍历闭折线,相当于一个"来回"后在原出发点未动. 并且我们把这两个有向闭折线称为互逆的闭折线. 折性数组为 $(\eta_1, \eta_2, \cdots, \eta_i, \cdots, \eta_m)$ 的闭折线的逆向闭折线的折性数组为

$$(\eta_1, \eta_2, \cdots, \eta_i, \cdots, \eta_m)^{-1}$$

且有如下性质

$$(\eta_1, \eta_2, \cdots, \eta_i, \cdots, \eta_m)^{-1} = -(\eta_1, \eta_2, \cdots, \eta_i, \cdots, \eta_m) =$$
$$(-\eta_1, -\eta_2, \cdots, -\eta_i, \cdots, -\eta_m)$$

(3) $(\eta_1, \eta_2, \cdots, \eta_{i-1}, \eta_i, \eta_{i+1}, \cdots, \eta_m) = (\eta_i, \eta_{i+1}, \cdots, \eta_m, \eta_1, \eta_2, \cdots, \eta_{i-1})$, 即对于同一条平面闭折线,若从不同的某两点 $A_1, A_i (i \neq 1)$ 出发,沿同一方向遍历闭折线,所得的折性数组视为相等的折性数组.

有了上述准备,我们可以比较方便地叙述简单闭折线的种类数问题.

对于任意的闭折线,无论它的拐向多么复杂,只要给它一个起点和行走方向,都有唯一的折性数组与之对应. 如果按两个方向行走,则有两个折性数组与之对应.

对于任意的闭折线,对应的有向闭折线有两个. 我们约定,其折性数组元素之和为非负数的那个折性数组作为该闭折线的折性数组. 例如:

当 $n=3$ 时,三角形对应的有向三角形的折性数组是 (3) 或 (−3),我们把折性数组 (3) 作为三角形的折性数组.

又如:图 37.3 的 37 边平面闭折线对应的平面有向闭折线的折性数组有两个,即 $(4, -4, 4, -4, 4, -4, 4, -2, 4, -2)$ 和 $(-4, 4, -4, 4, -4, 4, -4, 2, -4, 2)$,其中前者的折性数之和为 4,后者的折性数组之和为 −4,我们把前者作为该平面闭折线的折性数组.

任意给定的不小于 3 的自然数 n,我们把折性数组相等的平面闭折线称为

181

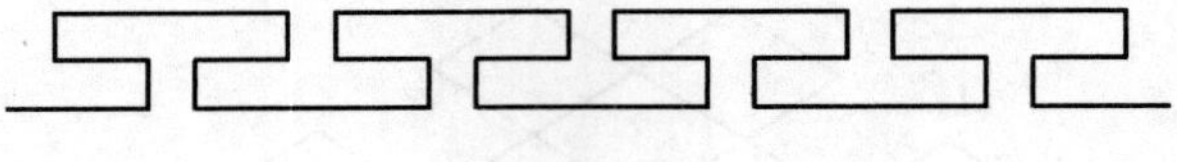

图 37.3

同型的平面闭折线,把同型的闭折线算作一种.不同型的平面闭折线的种类数记为 $\sigma(n)$.

现在,我们的问题是:同型的 n 边简单闭折线有多少种?

当 $n=3$ 时,三角形的折性数组只能是(3),种类数为 1,即 $\sigma(3)=1$.

当 $n=4$ 时,简单四边形的折性数组只能是(4)和(3,−1),种类数为 2,即 $\sigma(4)=2$.

通过构图我们得到:

$\sigma(5)=4$(图 37.4);

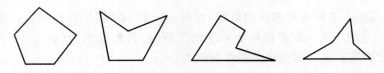

图 37.4

$\sigma(6)=9$(图 37.5);

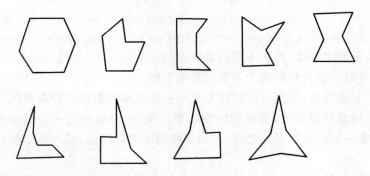

图 37.5

$\sigma(7)=15$(图 37.6);

$\sigma(8)=30$(图 37.7);

$\sigma(9)=54$;

$\sigma(10)=65.$

第 4 章　平面闭折线的运用

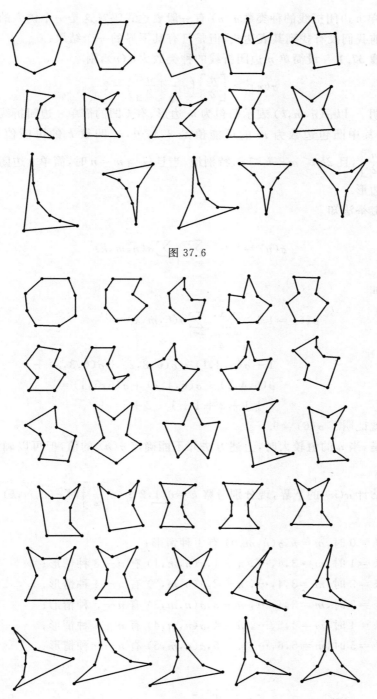

图 37.6

图 37.7

简单 n 边闭折线的种类数 $\sigma(n)$ 有一般表达式吗？这是一个诱人的问题！虽然目前我们没有找到其表达式，但是已有其下界的一个结果：

定理 37.1 设简单 n 边闭折线的种类数为 $\sigma(n)$，则
$$\sigma(n) \geqslant \left[\frac{n}{2}\right]\left(n-\left[\frac{n}{2}\right]\right)-2$$

证明 以 $\sigma(n,m,k)$ 表示凸包为 m 边形、有 k 凹的简单 n 边闭折线的种类数，易知其中凸包边数为 m 的可能值是 $3,4,\cdots,n$，凹数 k 的可能值是 $0,1,2,\cdots,\left[\frac{n}{2}\right]$，且 $2k \leqslant m+k \leqslant n$，特别地，当且仅当 $m=n$ 时，简单 n 边闭折线称为凸 n 边形．

由穷举法知
$$\sigma(n)=1+\sum_{\substack{3\leqslant m\leqslant n-1\\2k\leqslant m+k\leqslant n}}\sum_{k=1}^{\left[\frac{n}{2}\right]}\sigma(n,m,k)$$

例如
$$\sigma(6)=1+\sum_{\substack{3\leqslant m\leqslant 5\\2k\leqslant m+k\leqslant 6}}\sum_{k=1}^{3}\sigma(6,m,k)=$$
$$1+\sigma(6,3,1)+\sigma(6,3,2)+\sigma(6,3,3)+$$
$$\sigma(6,4,1)+\sigma(6,4,2)+\sigma(6,5,1)=$$
$$1+1+2+1+1+2+1=9$$

这就证明了 $\sigma(6)=9$．

但是，当 n 的值较大时，上述方法并不能确定 $\sigma(n)$ 的值，但可以确定 $\sigma(n)$ 的下界．

为估计 $\sigma(n)$ 的下界，现分别考察 $k=0,1,2,\cdots,\left[\frac{n}{2}\right]$ 时 $\sigma(n,m,k)$ 的所有情形：

当 $k=0$ 时，$m=n,\sigma(n,m,0)$ 有 1 种情形；

当 $k=1$ 时，$m=3,4,\cdots,n-1,\sigma(n,m,1)$ 有 $n-3$ 种情形；

当 $k=2$ 时，$m=3,4,\cdots,n-2,\sigma(n,m,2)$ 有 $n-4$ 种情形；

当 $k=3$ 时，$m=3,4,\cdots,n-3,\sigma(n,m,3)$ 有 $n-5$ 种情形；

当 $k=4$ 时，$m=4,5,\cdots,n-4,\sigma(n,m,4)$ 有 $n-7$ 种情形；

当 $k=5$ 时，$m=5,6,\cdots,n-5,\sigma(n,m,5)$ 有 $n-9$ 种情形；

⋮

当 $k=\left[\frac{n}{2}\right]$ 时，$m=\left[\frac{n}{2}\right],\left[\frac{n}{2}\right]+1,\cdots,n-\left[\frac{n}{2}\right],\sigma(n,m,\left[\frac{n}{2}\right])$ 有

$n - \left(2\left[\dfrac{n}{2}\right] - 1\right)$ 种情形.

在以上各种情形中,对于给定 m,k,均有 $\sigma(n,m,k) \geqslant 1$ 成立,即每一种凸包为 m 边形、有 k 凹的简单 n 边闭折线都至少有一种,故有

$$\sigma(n) = 1 + \sum_{\substack{3\leqslant m \leqslant n-1 \\ 2k \leqslant m+k \leqslant n}} \sum_{k=1}^{\left[\frac{n}{2}\right]} \sigma(n,m,k) \geqslant$$

$$1 + (n-3) + (n-4) + (n-5) + (n-7) +$$

$$(n-9) + \cdots + \left(n - 2\left[\dfrac{n}{2}\right] + 1\right) =$$

$$\left[\dfrac{n}{2}\right]\left(n - \left[\dfrac{n}{2}\right]\right) - 2$$

当且仅当 $n=4$ 或 $n=5$ 时取等号.

1994 年 11 月,笔者在《数学通讯》征解栏发表了如下猜测:

设简单 n 边闭折线的种类数为 $\sigma(n)$,证明或否定:$\dfrac{n^3}{32} \leqslant \sigma(n) \leqslant \dfrac{n^3}{6}$.

四年以后,1998 年 4 月,姚勇利用圆排列公式一举找到了 $\sigma(n)$ 的一般表达式,从而得确定以上猜测是部分成立的. 他的这一精彩结果仍然发表在《数学通讯》征解栏上. 有兴趣的读者可以查看证明过程,但这里不再复述(参考文献 [12]).

§38 既简的平面闭折线的一个猜想

定义 38.1 如果两条有向平面闭折线的折角对应相等,就称这两条有向平面闭折线是同类的有向平面闭折线,简称为同类闭折线.

同类闭折线的环数是相等的,自交数则不一定相等. 例如,图 38.1(a)(b)(c) 是同类的 5 边闭折线,它们的环数都是 2,但它们的自交数分别为 5,3,1.

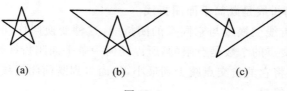

图 38.1

定义 38.2 给定一个 $n(n \geqslant 3, n \in \mathbf{Z})$,在 n 边平面闭折线中,自交数最少

的平面闭折线称为既简平面闭折线.图 38.1 中,(c)就是 5 边既简平面闭折线.

由于既简闭折线反映了同类闭折线其折性的本质特征——在顶点处发生相同的折拐,且图形相对"简单",从而有可能集中地反映出平面闭折线的某些结构性质,因此有必要对它做进一步的探讨.

什么样的闭折线是既简的呢？或者说,判断闭折线是否既简的标准是什么呢？

定义 38.3 自交数为 0 的 1 环平面闭折线,叫作简单闭折线；自交数为 1 的 0 环闭折线,叫作 ∞ 形平面闭折线；自交数为 k 的 $k+1$ 环闭折线,叫作 k 阶环形平面闭折线.

例如,图 38.2 中(a)是简单平面闭折线,(b)∞ 形平面闭折线,(c)(d)分别是 2 阶、4 阶的环形平面闭折线.

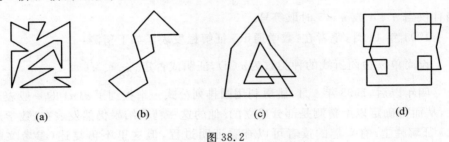

图 38.2

定理 38.1 简单闭折线、∞ 形闭折线和 k 阶环形闭折线均是既简闭折线.

证明 简单平面闭折线的自交点个数为 0,自交数不可能再少了.所以,简单平面闭折线是既简平面闭折线.

∞ 形平面闭折线的自交点个数为 1,如果它能减少到 0 个,它的环数则变为 1 环,这与它的环数为 0 矛盾.所以,∞ 形平面闭折线是既简平面闭折线.

k 阶环形平面闭折线的自交点个数为 k,将平面闭折线在自交点处分离,则可以得到 $k+1$ 条简单平面闭折线,每一条平面闭折线的环数为 1,故平面闭折线的环数为 $k+1$.这就是说,这 k 个自交点均在平面闭折线的环数上做了贡献.如果它的自交数能减少到 $k'(k'\leqslant k)$ 个,即使这 k' 个自交点在平面闭折线的环数上都做了贡献,则它的环数至多为 $k'+1$,这与它的环数为 $k+1$ 矛盾.所以,k 阶环形平面闭折线是既简平面闭折线.

把一条闭折线变换成与它同类的闭折线,这种变换叫作同类变换.因为平面闭折线的自交点的个数是有限的,所以任何一条平面闭折线经过有限次的同类变换,总能够将它的自交点减少到最小,从而得到既简闭折线.

因此,我们猜想：

任何平面闭折线经同类变换都可以成为简单闭折线、∞ 形闭折线和 k 阶环型闭折线中的一种.

后记

自从欧几里得的伟大著作《几何原本》问世以来,初等几何已历经两千多年.后人虽不断充实其内容,但对折线形的研究,大体上仅限于多边形,始终没有把"一般平面折线"作为深入研究的对象.

18世纪以后,人们或许是受台球运行轨道的启示,开始用数学的眼光,考察质点在圆或凸域内撞击边界所产生的折线轨道所蕴含的数学规律,得到了一些有益的结论,诸如著名的雅可比定理.此后经过几代数学家的工作,建立了一套关于质点碰撞的数学理论[1].但是,在这些研究活动中,"一般平面折线"仍然没有正式成为深入研究的对象.

1951年1月,我国著名的数学教育家傅种孙先生发表了《从五角星谈起》[2]的精彩演讲,开启了星形研究的先河.1958年,《有向图形的面积计算》[3]一书在我国翻译出版.1983年,国内有几篇文章探索了星形的计数[4]、特殊折线的顶角和问题[5].这些表明国内数学工作者已经开始关注平面折线这一几何图形.

1991年,杨之先生发表了《折线基本性质初探》[6]一文,正式提出了对折线进行理论研究的课题,并在他著名的《初等数学研究的问题与课题》[7]一书中专辟一章加以阐明.在他的引导下,短短的几年内,国内关注这一研究课题的学者开始增多,新的研究成果不断涌现.其中不乏较为深刻、有突破性进展的成果.

2002年2月,熊曾润著的《平面闭折线趣探》[8]出版;2006年12月,曾建国、熊曾润著的《趣谈平面闭折线的k号心》[9]出版.这两本书的出版,标志着平面闭折线的研究在度量性质方面取得了系统的成果.

本书是原《五角星·星形·平面闭折线》的再版,在内容组合上有所调整,新增了折线方面的一些应用.本书共分4章:第1章专门介绍五角星和正五角星的有趣知识,密切结合了中学数学内容,高中学生不难看懂;第2章对星形做了深入的研究,对其生成法则、结构性质和度量性质做了全面的介绍;第3章对一般平面闭折线的基本性质,尤其是结构性质做了较为深入的介绍;第4章介绍闭折线知识的一些运用.

本书可供高中学生和数学教师参考阅读.

参 考 文 献

[1] Гальперин Т А. Земляков А Н. Матматические бильярды[M]. Москва：Физико математической литературы,1990.

[2] 傅种孙. 从五角星谈起[J],中国数学杂志,1952(2):35-54.

[3] 洛普希兹. 有向图形的面积计算[M]. 高恒珊,译. 北京:中国青年出版社,1958.

[4] 冯跃峰. 关于圆内接正星形的计数问题[J]. 湖南数学通讯,1988(4).

[5] 叶年新. 非简单多边形的顶角和[J]. 数学教师,1988(5).

[6] 杨之. 折线基本性质初探[J]. 中学数学,1991(2):22-24.

[7] 杨之. 初等数学研究的问题与课题[M]. 湖南:湖南教育出版社,1993.

[8] 熊曾润. 平面闭折线趣探[M]. 北京:中国工人出版社,2002.

[9] 曾建国,熊曾润. 趣谈闭折线的 k 号心[M]. 江西:江西高校出版社,2006.

[10] 杨林. 也谈一个非标准图形的计数问题[J]. 数学通报,1992(7):6-8.

[11] 王方汉. 关于简单闭折线种类数猜想的评注[J]. 数学通讯(征解栏),1998(4).

[12] 姚勇. 关于简单闭折线种类数猜想的修正与证明[J]. 数学通讯(征解栏),1998(4).

[13] 王方汉. 平面折线的环数[J]. 数学通报,1996(3):22-25.

[14] 姚勇. 平面闭折线的分解及应用[J]. 数学通讯,1997(7):34-35.

[15] 王方汉. 用拓扑法求平面折线的环数[J]. 数学通报,1998(1):33-34.

[16] 王方汉. 平面折线的有向顶角及其求和公式[J]. 数学通报,1996(12)31-32.

[17] 王方汉. 两类星形及其自交数,初等数学前沿[M]. 江苏:江苏教育出版社,1995.

[18] 姚勇. 两条封闭折线交点个数的最大值[J]. 中等数学,1998(2):24.

[19] 王方汉. 星形的生成及有关性质[J]. 中学数学,1992(7):30-32.

[20] 王方汉. 合星形与素星形[J]. 中学数学,1994(6):24-27.

[21] 王方汉. 关于序号数列的遍历性[J]. 数学通讯,1997(2):31-33.

[22] 黄拔萃. 关于折线的一个猜想的证明[J]. 中学数学,1998(8):31.

[23] 王方汉. 正星形及其子星形序列[J]. 数学通报,1985(12).

[24] 王方汉,刘艳. 星形多边形初探[J]. 中学数学,1999(8):45-46.

[25] 王方汉.平面闭折线的有向面积[C].第四届全国初等数学学术交流会论文,2000.8.
[26] 王方汉.平面封闭折线中的射影定理、正弦定理和余弦定理[J].数学通讯,1998(9):30-31.
[27] 王方汉.平面折线的等周定理——从两个错误的折线不等式谈起[J].数学通讯,1999(12).
[28] 王方汉.空间折线与其中点折线周长间的一个关系[J].数学通讯,1999(10):32.
[29] 蔡宗熹.等周问题[M].北京:人民教育出版社,1964.
[30] 朱洪光.正五边形及与正五边形有关的习题[J].中学数学月刊,2015(11):37-38,47.

⊙ 编辑手记

　　本书的成书过程作者已在前言中详述,在这就不重复了,但笔者最终下决心出版本书的心路历程还是要提一下:

　　笔者一连几年暑假都在辽宁的长兴岛度假,小岛上唯一的一家电影院刚刚停业,所以没有任何文化消费,寻寻觅觅终于找到了一家小书店,在充斥着教辅书的书架上,勉强找到了一本周国平的文集赖以消磨盛夏无聊的时光.书中周国平写道:

　　　　在现实生活中,我经常发现这样的例子:有一些很有才华的人在社会上始终不成功,相反,有一些资质平平的人却为自己挣得了不错的地位和财产.这个对比使我感到非常不公平,并对前者寄予同情.

　　从世俗的角度(当大官、发大财、出大名)看,本书作者王方汉老师过于普通远不算成功,但他确实是一位有才华的教师且文理兼备.如果说我们之前为其出版的那本《大罕数学诗文》一书呈现了他的文采,那么这本书就展现了一位中学教师的数学才华.

　　笔者在数学研究领域人微言轻,所以对其研究成果的意义及困难程度没有太多发言权,但笔者通过与作者近十年的交往发现,他是一位极其称职的中学数学教育家,原因之一是他敢于研究细节.

一个假内行往往满嘴大词、宏观与框架，只有真正的内行才敢于深入到细节中，因为他心中有数，心里有底，还是借用周国平的哲学思维，他曾说：

看的本领就是发现细节的本领．一个看不见细节的人，事实上什么也没有看见．把细节都抹去了，世界就成了一个空洞的概念．每一个细节都是独特的，必包含概念所不能概括的内容，否则就不是细节，而只是概念的一个物证．

有人说：中年男人很难交到新朋友，因其复杂，因其涉世太深．本书作者是笔者年过半百后交到的一位好朋友，可谓良师兼益友，共同的数学爱好和相同的三观是我们的交集．

叔本华曾说："人的外表是表现内心的图画，相貌表达并揭示了人的整个性格特征．"至少就成年人的相貌而言，他的这一看法是有道理的．在漫长的岁月中，一个人惯常的心灵状态和行为方式总是伴随着他自己意识不到的表情，这些表情经过无数次的重复，便会铭刻在他的脸上，甚至留下特殊的皱纹．更加难以掩饰的是眼神，一个内心空虚的人绝对装不出睿智的目光．

王老师没有气宇轩昂的外貌，没有挺拔伟岸的身材，但其平和的神态、知性的气质、人格的魅力使其周围总聚集着一群数学教师、一个活跃的数学群、一个热闹的数学沙龙．

本书的多数内容应该是作者20世纪80年代研究并得以发表的成果，汇集于21世纪初，再版于今，那个时候是数学研究的黄金岁月，曾有一篇文章是写香港新亚书院的．文中说：

20世纪50年代，"手空空，无一物，路遥遥，无止境"，钱穆先生写的新亚校歌很励志，这就是新亚精神．虽然物质方面越来越丰富了，新亚先贤很朴实，我觉得他们做好了一个榜样，很难得．

如今物质丰富了，但人们对学问的追求却远不及那个时代．

前不久笔者去上海开会，王老师听闻便为我们安排了一次难忘的参观活动，先是参观了"中共一大旧址"，接着又参观了"邹韬奋故居"．这既有王老师爱党爱国的体现，也有其对朋友关心及细心的一面，因为笔者曾在其微信朋友圈观感后点过赞，现今社会对人如此细心的真是不多．

星形及折线是初等数学中的一个精巧小分支，国内研究这方面的人不多，成果较多的有四位：武汉的王方汉老师，江西的熊曾润先生、曾建国先生和天津的杨之先生．这是因为这个方向对中考和高考都没多大用，以国人当前这种万事皆要有用的心态看,研究者似乎有些不识时务,这有点像哲学之于当今中国.

轻视哲学无疑是目光短浅之举.张之洞为清朝廷拟定大学章程,视哲学为无用之学科,在大学课程中予以削除.青年王国维即撰文指出:"以功用论哲学,则哲学之价值失.哲学之所以有价值者,正以其超出乎利用之范围故也.且夫人类岂徒为利用而生活者哉,人于生活之欲外,有知识焉,有感情焉.感情之最高之满足,必求之文学、美术.知识之最高之满足,必求诸哲学."这正是哲学的"无用之用".王国维的话在当时是空谷足音,在今天仍发人深省.

有人形容写文章像女人穿裙子,越短看的人越多,所以就此打住,以防又被读者讥之又臭又长.最后引一首本书作者以网名"大罕"写的小诗结尾:

临渊悟禅
大罕

临渊悟禅,妄语相谈.
虔诚欲沏,临偈依皈.
心有便有,心无则乱.
无明幻相,放下既安.
即刻眼前,梦醒花残.
大道爱义,虚实两难.
修禅沉思,凝神入端.
禅念修身,清心却烦.
禅定思过,功德相关.
身心平衡,宁静妙曼.
精神转化,超尘脱凡.
通达老庄,孽海觅岸.
平生所厚,数形大观.
管弦丝竹,蕙叶芳兰.
昨夜梦醒,落日西山.
以心悟心,贝叶熏燃.
呜呼悟禅,何以了断.

刘培杰
2018年11月3日
于哈工大

刘培杰数学工作室
已出版(即将出版)图书目录——初等数学

书 名	出版时间	定价	编号
新编中学数学解题方法全书(高中版)上卷(第2版)	2018—08	58.00	951
新编中学数学解题方法全书(高中版)中卷(第2版)	2018—08	68.00	952
新编中学数学解题方法全书(高中版)下卷(一)(第2版)	2018—08	58.00	953
新编中学数学解题方法全书(高中版)下卷(二)(第2版)	2018—08	58.00	954
新编中学数学解题方法全书(高中版)下卷(三)(第2版)	2018—08	68.00	955
新编中学数学解题方法全书(初中版)上卷	2008—01	28.00	29
新编中学数学解题方法全书(初中版)中卷	2010—07	38.00	75
新编中学数学解题方法全书(高考复习卷)	2010—01	48.00	67
新编中学数学解题方法全书(高考真题卷)	2010—01	38.00	62
新编中学数学解题方法全书(高考精华卷)	2011—03	68.00	118
新编平面解析几何解题方法全书(专题讲座卷)	2010—01	18.00	61
新编中学数学解题方法全书(自主招生卷)	2013—08	88.00	261
数学奥林匹克与数学文化(第一辑)	2006—05	48.00	4
数学奥林匹克与数学文化(第二辑)(竞赛卷)	2008—01	48.00	19
数学奥林匹克与数学文化(第二辑)(文化卷)	2008—07	58.00	36'
数学奥林匹克与数学文化(第三辑)(竞赛卷)	2010—01	48.00	59
数学奥林匹克与数学文化(第四辑)(竞赛卷)	2011—08	58.00	87
数学奥林匹克与数学文化(第五辑)	2015—06	98.00	370
世界著名平面几何经典著作钩沉——几何作图专题卷(上)	2009—06	48.00	49
世界著名平面几何经典著作钩沉——几何作图专题卷(下)	2011—01	88.00	80
世界著名平面几何经典著作钩沉(民国平面几何老课本)	2011—03	38.00	113
世界著名平面几何经典著作钩沉(建国初期平面三角老课本)	2015—08	38.00	507
世界著名解析几何经典著作钩沉——平面解析几何卷	2014—01	38.00	264
世界著名数论经典著作钩沉(算术卷)	2012—01	28.00	125
世界著名数学经典著作钩沉——立体几何卷	2011—02	28.00	88
世界著名三角学经典著作钩沉(平面三角卷Ⅰ)	2010—06	28.00	69
世界著名三角学经典著作钩沉(平面三角卷Ⅱ)	2011—01	38.00	78
世界著名初等数论经典著作钩沉(理论和实用算术卷)	2011—07	38.00	126
发展你的空间想象力	2017—06	38.00	785
走向国际数学奥林匹克的平面几何试题诠释(上、下)(第1版)	2007—01	68.00	11,12
走向国际数学奥林匹克的平面几何试题诠释(上、下)(第2版)	2010—02	98.00	63,64
平面几何证明方法全书	2007—08	35.00	1
平面几何证明方法全书习题解答(第1版)	2005—10	18.00	2
平面几何证明方法全书习题解答(第2版)	2006—12	18.00	10
平面几何天天练上卷·基础篇(直线型)	2013—01	58.00	208
平面几何天天练中卷·基础篇(涉及圆)	2013—01	28.00	234
平面几何天天练下卷·提高篇	2013—01	58.00	237
平面几何专题研究	2013—07	98.00	258

刘培杰数学工作室
已出版(即将出版)图书目录——初等数学

书 名	出版时间	定 价	编号
最新世界各国数学奥林匹克中的平面几何试题	2007—09	38.00	14
数学竞赛平面几何典型题及新颖解	2010—07	48.00	74
初等数学复习及研究(平面几何)	2008—09	58.00	38
初等数学复习及研究(立体几何)	2010—06	38.00	71
初等数学复习及研究(平面几何)习题解答	2009—01	48.00	42
几何学教程(平面几何卷)	2011—03	68.00	90
几何学教程(立体几何卷)	2011—07	68.00	130
几何变换与几何证题	2010—06	88.00	70
计算方法与几何证题	2011—06	28.00	129
立体几何技巧与方法	2014—04	88.00	293
几何瑰宝——平面几何500名题暨1000条定理(上、下)	2010—07	138.00	76,77
三角形的解法与应用	2012—07	18.00	183
近代的三角形几何学	2012—07	48.00	184
一般折线几何学	2015—08	48.00	503
三角形的五心	2009—06	28.00	51
三角形的六心及其应用	2015—10	68.00	542
三角形趣谈	2012—08	28.00	212
解三角形	2014—01	28.00	265
三角学专门教程	2014—09	28.00	387
图天下几何新题试卷.初中(第2版)	2017—11	58.00	855
圆锥曲线习题集(上册)	2013—06	68.00	255
圆锥曲线习题集(中册)	2015—01	78.00	434
圆锥曲线习题集(下册·第1卷)	2016—10	78.00	683
圆锥曲线习题集(下册·第2卷)	2018—01	98.00	853
论九点圆	2015—05	88.00	645
近代欧氏几何学	2012—03	48.00	162
罗巴切夫斯基几何学及几何基础概要	2012—07	28.00	188
罗巴切夫斯基几何学初步	2015—06	28.00	474
用三角、解析几何、复数、向量计算解数学竞赛几何题	2015—03	48.00	455
美国中学几何教程	2015—04	88.00	458
三线坐标与三角形特征点	2015—04	98.00	460
平面解析几何方法与研究(第1卷)	2015—05	18.00	471
平面解析几何方法与研究(第2卷)	2015—06	18.00	472
平面解析几何方法与研究(第3卷)	2015—07	18.00	473
解析几何研究	2015—01	38.00	425
解析几何学教程.上	2016—01	38.00	574
解析几何学教程.下	2016—01	38.00	575
几何学基础	2016—01	58.00	581
初等几何研究	2015—02	58.00	444
十九和二十世纪欧氏几何学中的片段	2017—01	58.00	696
平面几何中考.高考.奥数一本通	2017—07	28.00	820
几何学简史	2017—08	28.00	833
四面体	2018—01	48.00	880
平面几何证明方法思路	2018—12	68.00	913
平面几何图形特性新析.上篇	2019—01	68.00	911
平面几何图形特性新析.下篇	2018—06	88.00	912
平面几何范例多解探究.上篇	2018—04	48.00	910
平面几何范例多解探究.下篇	2018—12	68.00	914
从分析解题过程学解题:竞赛中的几何问题研究	2018—07	68.00	946
二维、三维欧氏几何的对偶原理	2018—12	38.00	990

刘培杰数学工作室
已出版(即将出版)图书目录——初等数学

书　　名	出版时间	定　价	编号
俄罗斯平面几何问题集	2009—08	88.00	55
俄罗斯立体几何问题集	2014—03	58.00	283
俄罗斯几何大师——沙雷金论数学及其他	2014—01	48.00	271
来自俄罗斯的5000道几何习题及解答	2011—03	58.00	89
俄罗斯初等数学问题集	2012—05	38.00	177
俄罗斯函数问题集	2011—03	38.00	103
俄罗斯组合分析问题集	2011—01	48.00	79
俄罗斯初等数学万题选——三角卷	2012—11	38.00	222
俄罗斯初等数学万题选——代数卷	2013—08	68.00	225
俄罗斯初等数学万题选——几何卷	2014—01	68.00	226
俄罗斯《量子》杂志数学征解问题100题选	2018—08	48.00	969
俄罗斯《量子》杂志数学征解问题又100题选	2018—08	48.00	970
463个俄罗斯几何老问题	2012—01	28.00	152
《量子》数学短文精粹	2018—09	38.00	972
谈谈素数	2011—03	18.00	91
平方和	2011—03	18.00	92
整数论	2011—05	38.00	120
从整数谈起	2015—10	28.00	538
数与多项式	2016—01	38.00	558
谈谈不定方程	2011—05	28.00	119
解析不等式新论	2009—06	68.00	48
建立不等式的方法	2011—03	98.00	104
数学奥林匹克不等式研究	2009—08	68.00	56
不等式研究(第二辑)	2012—02	68.00	153
不等式的秘密(第一卷)	2012—02	28.00	154
不等式的秘密(第一卷)(第2版)	2014—02	38.00	286
不等式的秘密(第二卷)	2014—01	38.00	268
初等不等式的证明方法	2010—06	38.00	123
初等不等式的证明方法(第二版)	2014—11	38.00	407
不等式·理论·方法(基础卷)	2015—07	38.00	496
不等式·理论·方法(经典不等式卷)	2015—07	38.00	497
不等式·理论·方法(特殊类型不等式卷)	2015—07	48.00	498
不等式探究	2016—03	38.00	582
不等式探秘	2017—01	88.00	689
四面体不等式	2017—01	68.00	715
数学奥林匹克中常见重要不等式	2017—09	38.00	845
三正弦不等式	2018—09	98.00	974
同余理论	2012—05	38.00	163
[x]与{x}	2015—04	48.00	476
极值与最值.上卷	2015—06	28.00	486
极值与最值.中卷	2015—06	38.00	487
极值与最值.下卷	2015—06	28.00	488
整数的性质	2012—11	38.00	192
完全平方数及其应用	2015—08	78.00	506
多项式理论	2015—10	88.00	541
奇数、偶数、奇偶分析法	2018—01	98.00	876
不定方程及其应用.上	2018—12	58.00	992
不定方程及其应用.中	2019—01	78.00	993
不定方程及其应用.下	2019—02	98.00	994

刘培杰数学工作室
已出版(即将出版)图书目录——初等数学

书　名	出版时间	定　价	编号
历届美国中学生数学竞赛试题及解答(第一卷)1950—1954	2014—07	18.00	277
历届美国中学生数学竞赛试题及解答(第二卷)1955—1959	2014—04	18.00	278
历届美国中学生数学竞赛试题及解答(第三卷)1960—1964	2014—06	18.00	279
历届美国中学生数学竞赛试题及解答(第四卷)1965—1969	2014—04	28.00	280
历届美国中学生数学竞赛试题及解答(第五卷)1970—1972	2014—06	18.00	281
历届美国中学生数学竞赛试题及解答(第六卷)1973—1980	2017—07	18.00	768
历届美国中学生数学竞赛试题及解答(第七卷)1981—1986	2015—01	18.00	424
历届美国中学生数学竞赛试题及解答(第八卷)1987—1990	2017—05	18.00	769
历届IMO试题集(1959—2005)	2006—05	58.00	5
历届CMO试题集	2008—09	28.00	40
历届中国数学奥林匹克试题集(第2版)	2017—03	38.00	757
历届加拿大数学奥林匹克试题集	2012—08	38.00	215
历届美国数学奥林匹克试题集:多解推广加强	2012—08	38.00	209
历届美国数学奥林匹克试题集:解题推广加强(第2版)	2016—03	48.00	592
历届波兰数学竞赛试题集.第1卷,1949～1963	2015—03	18.00	453
历届波兰数学竞赛试题集.第2卷,1964～1976	2015—03	18.00	454
历届巴尔干数学奥林匹克试题集	2015—05	38.00	466
保加利亚数学奥林匹克	2014—10	38.00	393
圣彼得堡数学奥林匹克试题集	2015—01	38.00	429
匈牙利奥林匹克数学竞赛题解.第1卷	2016—05	28.00	593
匈牙利奥林匹克数学竞赛题解.第2卷	2016—05	28.00	594
历届美国数学邀请赛试题集(第2版)	2017—10	78.00	851
全国高中数学竞赛试题及解答.第1卷	2014—07	38.00	331
普林斯顿大学数学竞赛	2016—06	38.00	669
亚太地区数学奥林匹克竞赛题	2015—07	18.00	492
日本历届(初级)广中杯数学竞赛试题及解答.第1卷(2000～2007)	2016—05	28.00	641
日本历届(初级)广中杯数学竞赛试题及解答.第2卷(2008～2015)	2016—05	38.00	642
360个数学竞赛问题	2016—08	58.00	677
奥数最佳实战题.上卷	2017—06	38.00	760
奥数最佳实战题.下卷	2017—05	58.00	761
哈尔滨市早期中学数学竞赛试题汇编	2016—07	28.00	672
全国高中数学联赛试题及解答:1981—2017(第2版)	2018—05	98.00	920
20世纪50年代全国部分城市数学竞赛试题汇编	2017—07	28.00	797
高中数学竞赛培训教程:平面几何问题的求解方法与策略.上	2018—05	68.00	906
高中数学竞赛培训教程:平面几何问题的求解方法与策略.下	2018—06	78.00	907
高中数学竞赛培训教程:整除与同余以及不定方程	2018—01	88.00	908
高中数学竞赛培训教程:组合计数与组合极值	2018—04	48.00	909
国内外数学竞赛题及精解:2016～2017	2018—07	45.00	922
许康华竞赛优学精选集.第一辑	2018—08	68.00	949
高考数学临门一脚(含密押三套卷)(理科版)	2017—01	45.00	743
高考数学临门一脚(含密押三套卷)(文科版)	2017—01	45.00	744
新课标高考数学题型全归纳(文科版)	2015—05	72.00	467
新课标高考数学题型全归纳(理科版)	2015—05	82.00	468
洞穿高考数学解答题核心考点(理科版)	2015—11	49.80	550
洞穿高考数学解答题核心考点(文科版)	2015—11	46.80	551

刘培杰数学工作室
已出版(即将出版)图书目录——初等数学

书　名	出版时间	定　价	编号
高考数学题型全归纳:文科版.上	2016—05	53.00	663
高考数学题型全归纳:文科版.下	2016—05	53.00	664
高考数学题型全归纳:理科版.上	2016—05	58.00	665
高考数学题型全归纳:理科版.下	2016—05	58.00	666
王连笑教你怎样学数学:高考选择题解题策略与客观题实用训练	2014—01	48.00	262
王连笑教你怎样学数学:高考数学高层次讲座	2015—02	48.00	432
高考数学的理论与实践	2009—08	38.00	53
高考数学核心题型解题方法与技巧	2010—01	28.00	86
高考思维新平台	2014—03	38.00	259
30分钟拿下高考数学选择题、填空题(理科版)	2016—10	39.80	720
30分钟拿下高考数学选择题、填空题(文科版)	2016—10	39.80	721
高考数学压轴题解题诀窍(上)(第2版)	2018—01	58.00	874
高考数学压轴题解题诀窍(下)(第2版)	2018—01	48.00	875
北京市五区文科数学三年高考模拟题详解:2013~2015	2015—08	48.00	500
北京市五区理科数学三年高考模拟题详解:2013~2015	2015—09	68.00	505
向量法巧解数学高考题	2009—08	28.00	54
高考数学万能解题法(第2版)	即将出版	38.00	691
高考物理万能解题法(第2版)	即将出版	38.00	692
高考化学万能解题法(第2版)	即将出版	28.00	693
高考生物万能解题法(第2版)	即将出版	28.00	694
高考数学解题金典(第2版)	2017—01	78.00	716
高考物理解题金典(第2版)	即将出版	68.00	717
高考化学解题金典(第2版)	即将出版	58.00	718
我一定要赚分:高中物理	2016—01	38.00	580
数学高考参考	2016—01	78.00	589
2011~2015年全国及各省市高考数学文科精品试题审题要津与解法研究	2015—10	68.00	539
2011~2015年全国及各省市高考数学理科精品试题审题要津与解法研究	2015—10	88.00	540
最新全国及各省市高考数学试卷解法研究及点拨评析	2009—02	38.00	41
2011年全国及各省市高考数学试题审题要津与解法研究	2011—10	48.00	139
2013年全国及各省市高考数学试题解析与点评	2014—01	48.00	282
全国及各省市高考数学试题审题要津与解法研究	2015—02	48.00	450
新课标高考数学——五年试题分章详解(2007~2011)(上、下)	2011—10	78.00	140,141
全国中考数学压轴题审题要津与解法研究	2013—04	78.00	248
新编全国及各省市中考数学压轴题审题要津与解法研究	2014—05	58.00	342
全国及各省市5年中考数学压轴题审题要津与解法研究(2015版)	2015—04	58.00	462
中考数学专题总复习	2007—04	28.00	6
中考数学较难题、难题常考题型解题方法与技巧.上	2016—01	48.00	584
中考数学较难题、难题常考题型解题方法与技巧.下	2016—01	58.00	585
中考数学较难题常考题型解题方法与技巧	2016—09	48.00	681
中考数学难题常考题型解题方法与技巧	2016—09	48.00	682
中考数学中档题常考题型解题方法与技巧	2017—08	68.00	835
中考数学选择填空压轴好题妙解365	2017—05	38.00	759

刘培杰数学工作室
已出版(即将出版)图书目录——初等数学

书 名	出版时间	定 价	编号
中考数学小压轴汇编初讲	2017—07	48.00	788
中考数学大压轴专题微言	2017—09	48.00	846
北京中考数学压轴题解题方法突破(第4版)	2019—01	58.00	1001
助你高考成功的数学解题智慧:知识是智慧的基础	2016—01	58.00	596
助你高考成功的数学解题智慧:错误是智慧的试金石	2016—04	58.00	643
助你高考成功的数学解题智慧:方法是智慧的推手	2016—04	68.00	657
高考数学奇思妙解	2016—04	38.00	610
高考数学解题策略	2016—05	48.00	670
数学解题泄天机(第2版)	2017—10	48.00	850
高考物理压轴题全解	2017—04	48.00	746
高中物理经典问题25讲	2017—05	28.00	764
高中物理教学讲义	2018—01	48.00	871
2016年高考文科数学真题研究	2017—04	58.00	754
2016年高考理科数学真题研究	2017—04	78.00	755
初中数学、高中数学脱节知识补缺教材	2017—06	48.00	766
高考数学小题抢分必练	2017—10	48.00	834
高考数学核心素养解读	2017—09	38.00	839
高考数学客观题解题方法和技巧	2017—10	38.00	847
十年高考数学精品试题审题要津与解法研究.上卷	2018—01	68.00	872
十年高考数学精品试题审题要津与解法研究.下卷	2018—01	58.00	873
中国历届高考数学试题及解答.1949—1979	2018—01	38.00	877
历届中国高考数学试题及解答.第二卷,1980—1989	2018—10	28.00	975
历届中国高考数学试题及解答.第三卷,1990—1999	2018—10	48.00	976
数学文化与高考研究	2018—03	48.00	882
跟我学解高中数学题	2018—07	58.00	926
中学数学研究的方法及案例	2018—05	58.00	869
高考数学抢分技能	2018—07	48.00	934
高一新生常用数学方法和重要数学思想提升教材	2018—06	38.00	921
2018年高考数学真题研究	2019—01	68.00	1000
新编640个世界著名数学智力趣题	2014—01	88.00	242
500个最新世界著名数学智力趣题	2008—06	48.00	3
400个最新世界著名数学最值问题	2008—09	48.00	36
500个世界著名数学征解问题	2009—06	48.00	52
400个中国最佳初等数学征解老问题	2010—01	48.00	60
500个俄罗斯数学经典老题	2011—01	28.00	81
1000个国外中学物理好题	2012—04	48.00	174
300个日本高考数学题	2012—05	38.00	142
700个早期日本高考数学试题	2017—02	88.00	752
500个前苏联早期高考数学试题及解答	2012—05	28.00	185
546个早期俄罗斯大学生数学竞赛题	2014—03	38.00	285
548个来自美苏的数学好问题	2014—11	28.00	396
20所苏联著名大学早期入学试题	2015—02	18.00	452
161道德国工科大学生必做的微分方程习题	2015—05	28.00	469
500个德国工科大学生必做的高数习题	2015—06	28.00	478
360个数学竞赛问题	2016—08	58.00	677
200个趣味数学故事	2018—02	48.00	857
470个数学奥林匹克中的最值问题	2018—10	88.00	985
德国讲义日本考题.微积分卷	2015—04	48.00	456
德国讲义日本考题.微分方程卷	2015—04	38.00	457
二十世纪中叶中、英、美、日、法、俄高考数学试题精选	2017—06	38.00	783

刘培杰数学工作室
已出版（即将出版）图书目录——初等数学

书　名	出版时间	定价	编号
中国初等数学研究　2009卷(第1辑)	2009—05	20.00	45
中国初等数学研究　2010卷(第2辑)	2010—05	30.00	68
中国初等数学研究　2011卷(第3辑)	2011—07	60.00	127
中国初等数学研究　2012卷(第4辑)	2012—07	48.00	190
中国初等数学研究　2014卷(第5辑)	2014—02	48.00	288
中国初等数学研究　2015卷(第6辑)	2015—06	68.00	493
中国初等数学研究　2016卷(第7辑)	2016—04	68.00	609
中国初等数学研究　2017卷(第8辑)	2017—01	98.00	712
几何变换（Ⅰ）	2014—07	28.00	353
几何变换（Ⅱ）	2015—06	28.00	354
几何变换（Ⅲ）	2015—01	38.00	355
几何变换（Ⅳ）	2015—12	38.00	356
初等数论难题集(第一卷)	2009—05	68.00	44
初等数论难题集(第二卷)(上、下)	2011—02	128.00	82,83
数论概貌	2011—03	18.00	93
代数数论(第二版)	2013—08	58.00	94
代数多项式	2014—06	38.00	289
初等数论的知识与问题	2011—02	28.00	95
超越数论基础	2011—03	28.00	96
数论初等教程	2011—03	28.00	97
数论基础	2011—03	18.00	98
数论基础与维诺格拉多夫	2014—03	18.00	292
解析数论基础	2012—08	28.00	216
解析数论基础(第二版)	2014—01	48.00	287
解析数论问题集(第二版)(原版引进)	2014—05	88.00	343
解析数论问题集(第二版)(中译本)	2016—04	88.00	607
解析数论基础(潘承洞,潘承彪著)	2016—07	98.00	673
解析数论导引	2016—07	58.00	674
数论入门	2011—03	38.00	99
代数数论入门	2015—03	38.00	448
数论开篇	2012—07	28.00	194
解析数论引论	2011—03	48.00	100
Barban Davenport Halberstam 均值和	2009—01	40.00	33
基础数论	2011—03	28.00	101
初等数论100例	2011—05	18.00	122
初等数论经典例题	2012—07	18.00	204
最新世界各国数学奥林匹克中的初等数论试题(上、下)	2012—01	138.00	144,145
初等数论（Ⅰ）	2012—01	18.00	156
初等数论（Ⅱ）	2012—01	18.00	157
初等数论（Ⅲ）	2012—01	28.00	158

刘培杰数学工作室
已出版(即将出版)图书目录——初等数学

书　名	出版时间	定　价	编号
平面几何与数论中未解决的新老问题	2013—01	68.00	229
代数数论简史	2014—11	28.00	408
代数数论	2015—09	88.00	532
代数、数论及分析习题集	2016—11	98.00	695
数论导引提要及习题解答	2016—01	48.00	559
素数定理的初等证明.第2版	2016—09	48.00	686
数论中的模函数与狄利克雷级数(第二版)	2017—11	78.00	837
数论:数学导引	2018—01	68.00	849
数学精神巡礼	2019—01	58.00	731
数学眼光透视(第2版)	2017—06	78.00	732
数学思想领悟(第2版)	2018—01	68.00	733
数学方法溯源(第2版)	2018—08	68.00	734
数学解题引论	2017—05	58.00	735
数学史话览胜(第2版)	2017—01	48.00	736
数学应用展观(第2版)	2017—08	68.00	737
数学建模尝试	2018—04	48.00	738
数学竞赛采风	2018—01	68.00	739
数学技能操握	2018—03	48.00	741
数学欣赏拾趣	2018—02	48.00	742
从毕达哥拉斯到怀尔斯	2007—10	48.00	9
从迪利克雷到维斯卡尔迪	2008—01	48.00	21
从哥德巴赫到陈景润	2008—05	98.00	35
从庞加莱到佩雷尔曼	2011—08	138.00	136
博弈论精粹	2008—03	58.00	30
博弈论精粹.第二版(精装)	2015—01	88.00	461
数学 我爱你	2008—01	28.00	20
精神的圣徒　别样的人生——60位中国数学家成长的历程	2008—09	48.00	39
数学史概论	2009—06	78.00	50
数学史概论(精装)	2013—03	158.00	272
数学史选讲	2016—01	48.00	544
斐波那契数列	2010—02	28.00	65
数学拼盘和斐波那契魔方	2010—07	38.00	72
斐波那契数列欣赏(第2版)	2018—08	58.00	948
Fibonacci数列中的明珠	2018—06	58.00	928
数学的创造	2011—02	48.00	85
数学美与创造力	2016—01	48.00	595
数海拾贝	2016—01	48.00	590
数学中的美	2011—02	38.00	84
数论中的美学	2014—12	38.00	351

刘培杰数学工作室
已出版(即将出版)图书目录——初等数学

书　名	出版时间	定　价	编号
数学王者　科学巨人——高斯	2015—01	28.00	428
振兴祖国数学的圆梦之旅:中国初等数学研究史话	2015—06	98.00	490
二十世纪中国数学史料研究	2015—10	48.00	536
数字谜、数阵图与棋盘覆盖	2016—01	58.00	298
时间的形状	2016—01	38.00	556
数学发现的艺术:数学探索中的合情推理	2016—07	58.00	671
活跃在数学中的参数	2016—07	48.00	675
数学解题——靠数学思想给力(上)	2011—07	38.00	131
数学解题——靠数学思想给力(中)	2011—07	48.00	132
数学解题——靠数学思想给力(下)	2011—07	38.00	133
我怎样解题	2013—01	48.00	227
数学解题中的物理方法	2011—06	28.00	114
数学解题的特殊方法	2011—06	48.00	115
中学数学计算技巧	2012—01	48.00	116
中学数学证明方法	2012—01	58.00	117
数学趣题巧解	2012—03	28.00	128
高中数学教学通鉴	2015—05	58.00	479
和高中生漫谈:数学与哲学的故事	2014—08	28.00	369
算术问题集	2017—03	38.00	789
张教授讲数学	2018—07	38.00	933
自主招生考试中的参数方程问题	2015—01	28.00	435
自主招生考试中的极坐标问题	2015—04	28.00	463
近年全国重点大学自主招生数学试题全解及研究.华约卷	2015—02	38.00	441
近年全国重点大学自主招生数学试题全解及研究.北约卷	2016—05	38.00	619
自主招生数学解证宝典	2015—09	48.00	535
格点和面积	2012—07	18.00	191
射影几何趣谈	2012—04	28.00	175
斯潘纳尔引理——从一道加拿大数学奥林匹克试题谈起	2014—01	28.00	228
李普希兹条件——从几道近年高考数学试题谈起	2012—10	18.00	221
拉格朗日中值定理——从一道北京高考试题的解法谈起	2015—10	18.00	197
闵科夫斯基定理——从一道清华大学自主招生试题谈起	2014—01	28.00	198
哈尔测度——从一道冬令营试题的背景谈起	2012—08	28.00	202
切比雪夫逼近问题——从一道中国台北数学奥林匹克试题谈起	2013—04	38.00	238
伯恩斯坦多项式与贝齐尔曲面——从一道全国高中数学联赛试题谈起	2013—03	38.00	236
卡塔兰猜想——从一道普特南竞赛试题谈起	2013—06	18.00	256
麦卡锡函数和阿克曼函数——从一道前南斯拉夫数学奥林匹克试题谈起	2012—08	18.00	201
贝蒂定理与拉姆贝克莫斯尔定理——从一个拣石子游戏谈起	2012—08	18.00	217
皮亚诺曲线和豪斯道夫分球定理——从无限集谈起	2012—08	18.00	211
平面凸图形与凸多面体	2012—10	28.00	218
斯坦因豪斯问题——从一道二十五省市自治区中学数学竞赛试题谈起	2012—07	18.00	196

刘培杰数学工作室
已出版(即将出版)图书目录——初等数学

书　名	出版时间	定　价	编号
纽结理论中的亚历山大多项式与琼斯多项式——从一道北京市高一数学竞赛试题谈起	2012—07	28.00	195
原则与策略——从波利亚"解题表"谈起	2013—04	38.00	244
转化与化归——从三大尺规作图不能问题谈起	2012—08	28.00	214
代数几何中的贝祖定理(第一版)——从一道IMO试题的解法谈起	2013—08	18.00	193
成功连贯理论与约当块理论——从一道比利时数学竞赛试题谈起	2012—04	18.00	180
素数判定与大数分解	2014—08	18.00	199
置换多项式及其应用	2012—10	18.00	220
椭圆函数与模函数——从一道美国加州大学洛杉矶分校(UCLA)博士资格考题谈起	2012—10	28.00	219
差分方程的拉格朗日方法——从一道2011年全国高考理科试题的解法谈起	2012—08	28.00	200
力学在几何中的一些应用	2013—01	38.00	240
高斯散度定理、斯托克斯定理和平面格林定理——从一道国际大学生数学竞赛试题谈起	即将出版		
康托洛维奇不等式——从一道全国高中联赛试题谈起	2013—03	28.00	337
西格尔引理——从一道第18届IMO试题的解法谈起	即将出版		
罗斯定理——从一道前苏联数学竞赛试题谈起	即将出版		
拉克斯定理和阿廷定理——从一道IMO试题的解法谈起	2014—01	58.00	246
毕卡大定理——从一道美国大学数学竞赛试题谈起	2014—07	18.00	350
贝齐尔曲线——从一道全国高中联赛试题谈起	即将出版		
拉格朗日乘子定理——从一道2005年全国高中联赛试题的高等数学解法谈起	2015—05	28.00	480
雅可比定理——从一道日本数学奥林匹克试题谈起	2013—04	48.00	249
李天岩—约克定理——从一道波兰数学竞赛试题谈起	2014—06	28.00	349
整系数多项式因式分解的一般方法——从克朗耐克算法谈起	即将出版		
布劳维不动点定理——从一道前苏联数学奥林匹克试题谈起	2014—01	38.00	273
伯恩赛德定理——从一道英国数学奥林匹克试题谈起	即将出版		
布查特—莫斯特定理——从一道上海市初中竞赛试题谈起	即将出版		
数论中的同余数问题——从一道普特南竞赛试题谈起	即将出版		
范·德蒙行列式——从一道美国数学奥林匹克试题谈起	即将出版		
中国剩余定理:总数法构建中国历史年表	2015—01	28.00	430
牛顿程序与方程求根——从一道全国高考试题解法谈起	即将出版		
库默尔定理——从一道IMO预选试题谈起	即将出版		
卢丁定理——从一道冬令营试题的解法谈起	即将出版		
沃斯滕霍姆定理——从一道IMO预选试题谈起	即将出版		
卡尔松不等式——从一道莫斯科数学奥林匹克试题谈起	即将出版		
信息论中的香农熵——从一道近年高考压轴题谈起	即将出版		
约当不等式——从一道希望杯竞赛试题谈起	即将出版		
拉比诺维奇定理	即将出版		
刘维尔定理——从一道《美国数学月刊》征解问题的解法谈起	即将出版		
卡塔兰恒等式与级数求和——从一道IMO试题的解法谈起	即将出版		
勒让德猜想与素数分布——从一道爱尔兰竞赛试题谈起	即将出版		
天平称重与信息论——从一道基辅市数学奥林匹克试题谈起	即将出版		
哈密尔顿—凯莱定理:从一道高中数学联赛试题的解法谈起	2014—09	18.00	376
艾思特曼定理——从一道CMO试题的解法谈起	即将出版		

刘培杰数学工作室
已出版(即将出版)图书目录——初等数学

书　名	出版时间	定　价	编号
阿贝尔恒等式与经典不等式及应用	2018—06	98.00	923
迪利克雷除数问题	2018—07	48.00	930
贝克码与编码理论——从一道全国高中联赛试题谈起	即将出版		
帕斯卡三角形	2014—03	18.00	294
蒲丰投针问题——从2009年清华大学的一道自主招生试题谈起	2014—01	38.00	295
斯图姆定理——从一道"华约"自主招生试题的解法谈起	2014—01	18.00	296
许瓦兹引理——从一道加利福尼亚大学伯克利分校数学系博士生试题谈起	2014—08	18.00	297
拉姆塞定理——从王诗宬院士的一个问题谈起	2016—04	48.00	299
坐标法	2013—12	28.00	332
数论三角形	2014—04	38.00	341
毕克定理	2014—07	18.00	352
数林掠影	2014—09	48.00	389
我们周围的概率	2014—10	38.00	390
凸函数最值定理：从一道华约自主招生题的解法谈起	2014—10	28.00	391
易学与数学奥林匹克	2014—10	38.00	392
生物数学趣谈	2015—01	18.00	409
反演	2015—01	28.00	420
因式分解与圆锥曲线	2015—01	18.00	426
轨迹	2015—01	28.00	427
面积原理：从常庚哲命的一道CMO试题的积分解法谈起	2015—01	48.00	431
形形色色的不动点定理：从一道28届IMO试题谈起	2015—01	38.00	439
柯西函数方程：从一道上海交大自主招生的试题谈起	2015—02	28.00	440
三角恒等式	2015—02	28.00	442
无理性判定：从一道2014年"北约"自主招生试题谈起	2015—01	38.00	443
数学归纳法	2015—03	18.00	451
极端原理与解题	2015—04	28.00	464
法雷级数	2014—08	18.00	367
摆线族	2015—01	38.00	438
函数方程及其解法	2015—05	38.00	470
含参数的方程和不等式	2012—09	28.00	213
希尔伯特第十问题	2016—01	38.00	543
无穷小量的求和	2016—01	28.00	545
切比雪夫多项式：从一道清华大学金秋营试题谈起	2016—01	38.00	583
泽肯多夫定理	2016—03	38.00	599
代数等式证题法	2016—01	28.00	600
三角等式证题法	2016—01	28.00	601
吴大任教授藏书中的一个因式分解公式：从一道美国数学邀请赛试题的解法谈起	2016—06	28.00	656
易卦——类万物的数学模型	2017—08	68.00	838
"不可思议"的数与数系可持续发展	2018—01	38.00	878
最短线	2018—01	38.00	879
幻方和魔方(第一卷)	2012—05	68.00	173
尘封的经典——初等数学经典文献选读(第一卷)	2012—07	48.00	205
尘封的经典——初等数学经典文献选读(第二卷)	2012—07	38.00	206
初级方程式论	2011—03	28.00	106
初等数学研究(Ⅰ)	2008—09	68.00	37
初等数学研究(Ⅱ)(上、下)	2009—05	118.00	46,47

刘培杰数学工作室
已出版(即将出版)图书目录——初等数学

书 名	出版时间	定 价	编号
趣味初等方程妙题集锦	2014—09	48.00	388
趣味初等数论选美与欣赏	2015—02	48.00	445
耕读笔记(上卷):一位农民数学爱好者的初数探索	2015—04	28.00	459
耕读笔记(中卷):一位农民数学爱好者的初数探索	2015—05	28.00	483
耕读笔记(下卷):一位农民数学爱好者的初数探索	2015—05	28.00	484
几何不等式研究与欣赏.上卷	2016—01	88.00	547
几何不等式研究与欣赏.下卷	2016—01	48.00	552
初等数列研究与欣赏·上	2016—01	48.00	570
初等数列研究与欣赏·下	2016—01	48.00	571
趣味初等函数研究与欣赏.上	2016—09	48.00	684
趣味初等函数研究与欣赏.下	2018—09	48.00	685
火柴游戏	2016—05	38.00	612
智力解谜.第1卷	2017—07	38.00	613
智力解谜.第2卷	2017—07	38.00	614
故事智力	2016—07	48.00	615
名人们喜欢的智力问题	即将出版		616
数学大师的发现、创造与失误	2018—01	48.00	617
异曲同工	2018—09	48.00	618
数学的味道	2018—01	58.00	798
数学千字文	2018—10	68.00	977
数贝偶拾——高考数学题研究	2014—04	28.00	274
数贝偶拾——初等数学研究	2014—04	38.00	275
数贝偶拾——奥数题研究	2014—04	48.00	276
钱昌本教你快乐学数学(上)	2011—12	48.00	155
钱昌本教你快乐学数学(下)	2012—03	58.00	171
集合、函数与方程	2014—01	28.00	300
数列与不等式	2014—01	38.00	301
三角与平面向量	2014—01	28.00	302
平面解析几何	2014—01	38.00	303
立体几何与组合	2014—01	28.00	304
极限与导数、数学归纳法	2014—01	38.00	305
趣味数学	2014—03	28.00	306
教材教法	2014—04	68.00	307
自主招生	2014—05	58.00	308
高考压轴题(上)	2015—01	48.00	309
高考压轴题(下)	2014—10	68.00	310
从费马到怀尔斯——费马大定理的历史	2013—10	198.00	I
从庞加莱到佩雷尔曼——庞加莱猜想的历史	2013—10	298.00	II
从切比雪夫到爱尔特希(上)——素数定理的初等证明	2013—07	48.00	III
从切比雪夫到爱尔特希(下)——素数定理100年	2012—12	98.00	III
从高斯到盖尔方特——二次域的高斯猜想	2013—10	198.00	IV
从库默尔到朗兰兹——朗兰兹猜想的历史	2014—01	98.00	V
从比勃巴赫到德布朗斯——比勃巴赫猜想的历史	2014—02	298.00	VI
从麦比乌斯到陈省身——麦比乌斯变换与麦比乌斯带	2014—02	298.00	VII
从布尔到豪斯道夫——布尔方程与格论漫谈	2013—10	198.00	VIII
从开普勒到阿诺德——三体问题的历史	2014—05	298.00	IX
从华林到华罗庚——华林问题的历史	2013—10	298.00	X

刘培杰数学工作室
已出版(即将出版)图书目录——初等数学

书 名	出版时间	定 价	编号
美国高中数学竞赛五十讲.第1卷(英文)	2014—08	28.00	357
美国高中数学竞赛五十讲.第2卷(英文)	2014—08	28.00	358
美国高中数学竞赛五十讲.第3卷(英文)	2014—09	28.00	359
美国高中数学竞赛五十讲.第4卷(英文)	2014—09	28.00	360
美国高中数学竞赛五十讲.第5卷(英文)	2014—10	28.00	361
美国高中数学竞赛五十讲.第6卷(英文)	2014—11	28.00	362
美国高中数学竞赛五十讲.第7卷(英文)	2014—12	28.00	363
美国高中数学竞赛五十讲.第8卷(英文)	2015—01	28.00	364
美国高中数学竞赛五十讲.第9卷(英文)	2015—01	28.00	365
美国高中数学竞赛五十讲.第10卷(英文)	2015—02	38.00	366
三角函数(第2版)	2017—04	38.00	626
不等式	2014—01	38.00	312
数列	2014—01	38.00	313
方程(第2版)	2017—04	38.00	624
排列和组合	2014—01	28.00	315
极限与导数(第2版)	2016—04	38.00	635
向量(第2版)	2018—08	58.00	627
复数及其应用	2014—08	28.00	318
函数	2014—01	38.00	319
集合	即将出版		320
直线与平面	2014—01	28.00	321
立体几何(第2版)	2016—04	38.00	629
解三角形	即将出版		323
直线与圆(第2版)	2016—11	38.00	631
圆锥曲线(第2版)	2016—09	48.00	632
解题通法(一)	2014—07	38.00	326
解题通法(二)	2014—07	38.00	327
解题通法(三)	2014—05	38.00	328
概率与统计	2014—01	28.00	329
信息迁移与算法	即将出版		330
IMO 50年.第1卷(1959—1963)	2014—11	28.00	377
IMO 50年.第2卷(1964—1968)	2014—11	28.00	378
IMO 50年.第3卷(1969—1973)	2014—09	28.00	379
IMO 50年.第4卷(1974—1978)	2016—04	38.00	380
IMO 50年.第5卷(1979—1984)	2015—04	38.00	381
IMO 50年.第6卷(1985—1989)	2015—04	58.00	382
IMO 50年.第7卷(1990—1994)	2016—01	48.00	383
IMO 50年.第8卷(1995—1999)	2016—06	38.00	384
IMO 50年.第9卷(2000—2004)	2015—04	58.00	385
IMO 50年.第10卷(2005—2009)	2016—01	48.00	386
IMO 50年.第11卷(2010—2015)	2017—03	48.00	646

刘培杰数学工作室
已出版(即将出版)图书目录——初等数学

书 名	出版时间	定 价	编号
数学反思(2007—2008)	即将出版		915
数学反思(2008—2009)	2019—01	68.00	917
数学反思(2010—2011)	2018—05	58.00	916
数学反思(2012—2013)	2019—01	58.00	918
数学反思(2014—2015)	即将出版		919
历届美国大学生数学竞赛试题集.第一卷(1938—1949)	2015—01	28.00	397
历届美国大学生数学竞赛试题集.第二卷(1950—1959)	2015—01	28.00	398
历届美国大学生数学竞赛试题集.第三卷(1960—1969)	2015—01	28.00	399
历届美国大学生数学竞赛试题集.第四卷(1970—1979)	2015—01	18.00	400
历届美国大学生数学竞赛试题集.第五卷(1980—1989)	2015—01	28.00	401
历届美国大学生数学竞赛试题集.第六卷(1990—1999)	2015—01	28.00	402
历届美国大学生数学竞赛试题集.第七卷(2000—2009)	2015—08	18.00	403
历届美国大学生数学竞赛试题集.第八卷(2010—2012)	2015—01	18.00	404
新课标高考数学创新题解题诀窍:总论	2014—09	28.00	372
新课标高考数学创新题解题诀窍:必修 1~5 分册	2014—08	38.00	373
新课标高考数学创新题解题诀窍:选修 2—1,2—2,1—1, 1—2 分册	2014—09	38.00	374
新课标高考数学创新题解题诀窍:选修 2—3,4—4,4—5 分册	2014—09	18.00	375
全国重点大学自主招生英文数学试题全攻略:词汇卷	2015—07	48.00	410
全国重点大学自主招生英文数学试题全攻略:概念卷	2015—01	28.00	411
全国重点大学自主招生英文数学试题全攻略:文章选读卷(上)	2016—09	38.00	412
全国重点大学自主招生英文数学试题全攻略:文章选读卷(下)	2017—01	58.00	413
全国重点大学自主招生英文数学试题全攻略:试题卷	2015—07	38.00	414
全国重点大学自主招生英文数学试题全攻略:名著欣赏卷	2017—03	48.00	415
劳埃德数学趣题大全.题目卷.1:英文	2016—01	18.00	516
劳埃德数学趣题大全.题目卷.2:英文	2016—01	18.00	517
劳埃德数学趣题大全.题目卷.3:英文	2016—01	18.00	518
劳埃德数学趣题大全.题目卷.4:英文	2016—01	18.00	519
劳埃德数学趣题大全.题目卷.5:英文	2016—01	18.00	520
劳埃德数学趣题大全.答案卷:英文	2016—01	18.00	521
李成章教练奥数笔记.第 1 卷	2016—01	48.00	522
李成章教练奥数笔记.第 2 卷	2016—01	48.00	523
李成章教练奥数笔记.第 3 卷	2016—01	38.00	524
李成章教练奥数笔记.第 4 卷	2016—01	38.00	525
李成章教练奥数笔记.第 5 卷	2016—01	38.00	526
李成章教练奥数笔记.第 6 卷	2016—01	38.00	527
李成章教练奥数笔记.第 7 卷	2016—01	38.00	528
李成章教练奥数笔记.第 8 卷	2016—01	48.00	529
李成章教练奥数笔记.第 9 卷	2016—01	28.00	530

刘培杰数学工作室
已出版(即将出版)图书目录——初等数学

书　　名	出版时间	定　价	编号
第19～23届"希望杯"全国数学邀请赛试题审题要津详细评注(初一版)	2014—03	28.00	333
第19～23届"希望杯"全国数学邀请赛试题审题要津详细评注(初二、初三版)	2014—03	38.00	334
第19～23届"希望杯"全国数学邀请赛试题审题要津详细评注(高一版)	2014—03	28.00	335
第19～23届"希望杯"全国数学邀请赛试题审题要津详细评注(高二版)	2014—03	38.00	336
第19～25届"希望杯"全国数学邀请赛试题审题要津详细评注(初一版)	2015—01	38.00	416
第19～25届"希望杯"全国数学邀请赛试题审题要津详细评注(初二、初三版)	2015—01	58.00	417
第19～25届"希望杯"全国数学邀请赛试题审题要津详细评注(高一版)	2015—01	48.00	418
第19～25届"希望杯"全国数学邀请赛试题审题要津详细评注(高二版)	2015—01	48.00	419
物理奥林匹克竞赛大题典——力学卷	2014—11	48.00	405
物理奥林匹克竞赛大题典——热学卷	2014—04	28.00	339
物理奥林匹克竞赛大题典——电磁学卷	2015—07	48.00	406
物理奥林匹克竞赛大题典——光学与近代物理卷	2014—06	28.00	345
历届中国东南地区数学奥林匹克试题集(2004～2012)	2014—06	18.00	346
历届中国西部地区数学奥林匹克试题集(2001～2012)	2014—07	18.00	347
历届中国女子数学奥林匹克试题集(2002～2012)	2014—08	18.00	348
数学奥林匹克在中国	2014—06	98.00	344
数学奥林匹克问题集	2014—01	38.00	267
数学奥林匹克不等式散论	2010—06	38.00	124
数学奥林匹克不等式欣赏	2011—09	38.00	138
数学奥林匹克超级题库(初中卷上)	2010—01	58.00	66
数学奥林匹克不等式证明方法和技巧(上、下)	2011—08	158.00	134,135
他们学什么：原民主德国中学数学课本	2016—09	38.00	658
他们学什么：英国中学数学课本	2016—09	38.00	659
他们学什么：法国中学数学课本.1	2016—09	38.00	660
他们学什么：法国中学数学课本.2	2016—09	28.00	661
他们学什么：法国中学数学课本.3	2016—09	38.00	662
他们学什么：苏联中学数学课本	2016—09	28.00	679
高中数学题典——集合与简易逻辑·函数	2016—07	48.00	647
高中数学题典——导数	2016—07	48.00	648
高中数学题典——三角函数·平面向量	2016—07	48.00	649
高中数学题典——数列	2016—07	58.00	650
高中数学题典——不等式·推理与证明	2016—07	38.00	651
高中数学题典——立体几何	2016—07	48.00	652
高中数学题典——平面解析几何	2016—07	78.00	653
高中数学题典——计数原理·统计·概率·复数	2016—07	48.00	654
高中数学题典——算法·平面几何·初等数论·组合数学·其他	2016—07	68.00	655

刘培杰数学工作室
已出版(即将出版)图书目录——初等数学

书 名	出版时间	定价	编号
台湾地区奥林匹克数学竞赛试题.小学一年级	2017—03	38.00	722
台湾地区奥林匹克数学竞赛试题.小学二年级	2017—03	38.00	723
台湾地区奥林匹克数学竞赛试题.小学三年级	2017—03	38.00	724
台湾地区奥林匹克数学竞赛试题.小学四年级	2017—03	38.00	725
台湾地区奥林匹克数学竞赛试题.小学五年级	2017—03	38.00	726
台湾地区奥林匹克数学竞赛试题.小学六年级	2017—03	38.00	727
台湾地区奥林匹克数学竞赛试题.初中一年级	2017—03	38.00	728
台湾地区奥林匹克数学竞赛试题.初中二年级	2017—03	38.00	729
台湾地区奥林匹克数学竞赛试题.初中三年级	2017—03	28.00	730
不等式证题法	2017—04	28.00	747
平面几何培优教程	即将出版		748
奥数鼎级培优教程.高一分册	2018—09	88.00	749
奥数鼎级培优教程.高二分册.上	2018—04	68.00	750
奥数鼎级培优教程.高二分册.下	2018—04	68.00	751
高中数学竞赛冲刺宝典	即将出版		883
初中尖子生数学超级题典.实数	2017—07	58.00	792
初中尖子生数学超级题典.式、方程与不等式	2017—08	58.00	793
初中尖子生数学超级题典.圆、面积	2017—08	38.00	794
初中尖子生数学超级题典.函数、逻辑推理	2017—08	48.00	795
初中尖子生数学超级题典.角、线段、三角形与多边形	2017—07	58.00	796
数学王子——高斯	2018—01	48.00	858
坎坷奇星——阿贝尔	2018—01	48.00	859
闪烁奇星——伽罗瓦	2018—01	58.00	860
无穷统帅——康托尔	2018—01	48.00	861
科学公主——柯瓦列夫斯卡娅	2018—01	48.00	862
抽象代数之母——埃米·诺特	2018—01	48.00	863
电脑先驱——图灵	2018—01	58.00	864
昔日神童——维纳	2018—01	48.00	865
数坛怪侠——爱尔特希	2018—01	68.00	866
当代世界中的数学.数学思想与数学基础	2019—01	38.00	892
当代世界中的数学.数学问题	2019—01	38.00	893
当代世界中的数学.应用数学与数学应用	2019—01	38.00	894
当代世界中的数学.数学王国的新疆域(一)	2019—01	38.00	895
当代世界中的数学.数学王国的新疆域(二)	2019—01	38.00	896
当代世界中的数学.数林撷英(一)	2019—01	38.00	897
当代世界中的数学.数林撷英(二)	2019—01	48.00	898
当代世界中的数学.数学之路	2019—01	38.00	899

刘培杰数学工作室
已出版(即将出版)图书目录——初等数学

书　名	出版时间	定　价	编号
105个代数问题:来自AwesomeMath夏季课程	2019—02	58.00	956
106个几何问题:来自AwesomeMath夏季课程	即将出版		957
107个几何问题:来自AwesomeMath全年课程	即将出版		958
108个代数问题:来自AwesomeMath全年课程	2019—01	68.00	959
109个不等式:来自AwesomeMath夏季课程	即将出版		960
国际数学奥林匹克中的110个几何问题	即将出版		961
111个代数和数论问题	即将出版		962
112个组合问题:来自AwesomeMath夏季课程	即将出版		963
113个几何不等式:来自AwesomeMath夏季课程	即将出版		964
114个指数和对数问题:来自AwesomeMath夏季课程	即将出版		965
115个三角问题:来自AwesomeMath夏季课程	即将出版		966
116个代数不等式:来自AwesomeMath全年课程	即将出版		967
紫色慧星国际数学竞赛试题	2019—02	58.00	999
澳大利亚中学数学竞赛试题及解答(初级卷)1978~1984	2019—02	28.00	1002
澳大利亚中学数学竞赛试题及解答(初级卷)1985~1991	2019—02	28.00	1003
澳大利亚中学数学竞赛试题及解答(初级卷)1992~1998	2019—02	28.00	1004
澳大利亚中学数学竞赛试题及解答(初级卷)1999~2005	2019—02	28.00	1005
澳大利亚中学数学竞赛试题及解答(中级卷)1978~1984	即将出版		1006
澳大利亚中学数学竞赛试题及解答(中级卷)1985~1991	即将出版		1007
澳大利亚中学数学竞赛试题及解答(中级卷)1992~1998	即将出版		1008
澳大利亚中学数学竞赛试题及解答(中级卷)1999~2005	即将出版		1009
澳大利亚中学数学竞赛试题及解答(高级卷)1978~1984	即将出版		1010
澳大利亚中学数学竞赛试题及解答(高级卷)1985~1991	即将出版		1011
澳大利亚中学数学竞赛试题及解答(高级卷)1992~1998	即将出版		1012
澳大利亚中学数学竞赛试题及解答(高级卷)1999~2005	即将出版		1013

联系地址:哈尔滨市南岗区复华四道街10号　哈尔滨工业大学出版社刘培杰数学工作室
网　　址:http://lpj.hit.edu.cn/
邮　　编:150006
联系电话:0451—86281378　　　13904613167
E-mail:lpj1378@163.com